LEÇONS DE CHOSES

PREMIERS ÉLÉMENTS

D'HISTOIRE NATURELLE

PAR

Mme CLARISSE SAUVESTRE

INSTITUTRICE

NOMBREUSES GRAVURES INTERCALÉES DANS LE TEXTE

PARIS

Anciennes Maisons Larousse et Boyer

Ve P. LAROUSSE ET Cie, IMPRIMEURS-ÉDITEURS

49, RUE SAINT-ANDRÉ-DES-ARTS, 49

Les trois parties de cet ouvrage :
I. LES PLANTES. — II. LES ANIMAUX. — III. LES MINÉRAUX
se vendent séparément 25 c. chacune.

PREMIERS ÉLÉMENTS

D'HISTOIRE NATURELLE

PAR

Mme CLARISSE SAUVESTRE

INSTITUTRICE

NOMBREUSES GRAVURES INTERCALÉES DANS LE TEXTE

3ᶜ ÉDITION

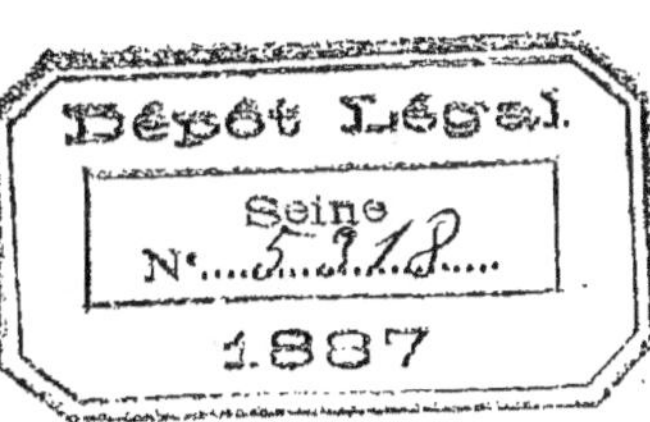

PARIS

Anciennes Maisons Larousse et Boyer

Vᶜ P. LAROUSSE ᴇᴛ Cⁱᵉ, IMPRIMEURS-ÉDITEURS

49, ʀᴜᴇ SAINT-ANDRÉ-DES-ARTS, 49

AVANT-PROPOS

Marie et Paul sont deux charmants enfants
de huit et de dix ans, qui, le matin, après le
premier déjeuner, viennent causer avec leur
mère. Ils sont très curieux, ils veulent tout savoir : il n'est point de question qu'ils ne fassent.
La maman est bonne, complaisante. Ils abusent
bien, parfois, de sa patience; pourtant, l'heure
se passe toujours sans qu'on s'en doute : il est
si bon de parler aux enfants !

Avides de tout connaître, il faut leur dire, à
ces chers petits, comment viennent les *plantes*,
comment se classent les *animaux*, où l'on trouve
le *charbon*, le *fer*, l'*or*, le *diamant*. Paul veut
qu'on lui apprenne ce que c'est que la *géologie*, les
fossiles, dont il entend « les grands » s'entretenir
au lycée; car Paul est un lycéen. — Marie veut
qu'on lui parle des *vers à soie*, des *tissus* et des
plantes textiles, des *moutons* et de la *laine;*
enfin des *diamants* et des *pierres précieuses*.

La maman fait de son mieux pour satisfaire
leur curiosité, dont elle est au fond très heu-
reuse. Ce n'est point une tâche aisée que de
mettre les premiers éléments de la science à la
portée de jeunes enfants; il y faut la tendresse
attentive et ingénieuse d'une mère.

PREMIERS ÉLÉMENTS
D'HISTOIRE NATURELLE

I
LES PLANTES

Primevère en fleur.

1. LA FLEUR. — LA GRAINE.

Rien ne se perd,
Tout se transforme.

LA MAMAN. — Que fais-tu ce matin, ma petite Marie?

MARIE. — Mère, je regarde ma primevère. C'est bien joli, une fleur!

LA MAMAN. — Oui, très joli.

MARIE. — Vivra-t-elle longtemps?

LA MAMAN. — La fleur vivra quelques jours seulement.

MARIE. — Et après?

LA MAMAN. — Après, elle se flétrira.

Marie. — Et les beaux *volubilis* que nous avions sur la fenêtre, l'an passé?

La Maman. — Ils sont morts, car le *volubilis* est une plante annuelle; mais ils ont donné des *graines* que j'ai eu soin de recueillir.

Marie. — Des *graines* que nous sèmerons, mère, n'est-ce pas?

La Maman. — Et qui donneront de nouvelles fleurs au retour de la belle saison; des fleurs semblables à celles de l'été dernier; car, souviens-toi de ceci : rien de ce que nous voyons ne se perd; tout se transforme, se renouvelle.

Marie. — Oh! que je voudrais savoir ce qui se passe dans la terre, quand on y a mis une graine!

La Maman. — Un prodige... dont je puis te parler pourtant. Écoute-moi :

La graine mise en terre.

Au retour du printemps, sous l'influence du soleil, la terre se réchauffe, tout en gardant l'humidité de l'hiver. Les graines qu'on y met ne tardent pas à s'emparer de cette humidité et de cette chaleur. Au bout de quelque temps, elles se gonflent, se déchirent, *germent*, comme on dit, et laissent pousser un commencement de *racine* qui s'enfonce dans la terre, pour y chercher sa nourriture; puis, du côté opposé, elles laissent passer un commencement de tige qui

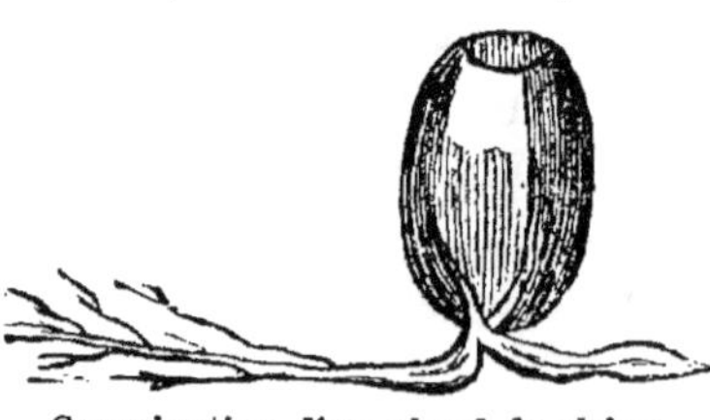
Germination d'un gland de chêne.

soulève la terre pour respirer et vivre au milieu de
l'air.

Marie. — Comment ! ma primevère mange, respire ?...

La Maman. — Tu le sais bien, enfant ; ne lui mets-tu
pas parfois du terreau pour qu'elle pousse, qu'elle
grandisse ; et, tous les jours, ne lui donnes-tu pas à
boire ?

Marie. — C'est vrai, je n'y avais jamais songé. Mais
elle respire, dis-tu, mère ?

La Maman. — Oui, Marie, comme toi, comme moi,
comme ton frère, comme ton petit chat, comme tout
ce qui vit, enfin.

Marie. — Mais, par où respire-t-elle, cette fleur ?
Je ne vois pas sa bouche...

La Maman. — Elle respire par ses *feuilles*, qui sont
remplies de petits trous où passe l'air, et aussi par
toutes ses parties vertes.

Marie. — C'est curieux !

La Maman. — Ce n'est pas tout ; sur la tige poussent
des *feuilles*, puis des *boutons* qui deviennent des *fleurs*,
et enfin les *fruits* ou les *graines*. Et voilà le miracle
accompli.

Marie. — Oh ! je suis bien contente de savoir cela.
Je le dirai ce soir à Paul. Je gagerais qu'il ne le sait
pas, lui.

La Maman. — On lui enseigne tout cela au lycée,
ma petite amie.

Marie. — Je ne crois pas, maman.

La Maman. — Nous le lui demanderons.

2. LA COROLLE. — LE CALICE. — LE PISTIL.
LES ÉTAMINES.

COROLLES DIVERSES.

Œillet.　　　　Muflier.　　　　Mauve.

Ne pouvant rien créer,
Il ne faut rien détruire.

MARIE. — Mère, veux-tu encore me parler de ma primevère?

LA MAMAN. — Volontiers, chère enfant. — Voyons...

Détache avec précaution une de ces fleurs. Prends garde de la déchirer.—Doucement!... C'est cela. — Peux-tu me dire quelle est sa forme?

MARIE. — Sa forme?... C'est un petit entonnoir.

Fleur de primevère.

LA MAMAN. — Oui, un entonnoir terminé en roue, à cinq divisions. Ce tube, cet entonnoir, se nomme *corolle*. La partie verte restée sur la tige, et qui entourait la corolle, est le *calice*.

Que vois-tu au fond de ce calice?

Marie. — Je vois comme une petite bougie !

La Maman. — Portée par un joli bougeoir vert.

Marie. — Oui, mère.

La Maman. — Eh bien, ce bougeoir, y compris sa bougie, est ce qu'en botanique on appelle *pistil*.

Regarde bien. Ce pistil se compose de trois parties : d'abord un *ovaire*, partie inférieure et renflée que tu as appelée le bougeoir, et qui contient les graines. Ouvre-le, tu y trouveras plusieurs petits œufs.

Marie. — Sont-ils jolis, ces petits œufs !

La Maman. — Ce sont les petits œufs de la plante. Lorsqu'ils seront mûrs, si on les met dans une bonne terre, et qu'ils arrivent à éclore, ils deviendront, en grandissant, semblables à la maman.

Je continue. — Le pistil comprend encore : un *style*, sorte de fil creux que tu as appelé la bougie, et dont l'extrémité supérieure se termine par une petite bouche que messieurs les savants nomment *stigmate*. Tu feras bien de répéter ces trois mots, si tu veux les retenir.

Pistil grossi.

COUPE DE TROIS OVAIRES.

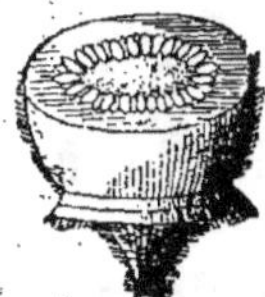

Primevère.

Violette.

Tulipe.

Marie. — Oui, mère, je les écrirai sur mon cahier d'observations. J'ai aussi mon cahier, comme Paul.

La Maman. — Voyons, répète.

Marie. — *Ovaire*, — *style*, — *stigmate*.

La Maman. — Et le tout ensemble, comment le nommes-tu?

Marie. — Je n'ai pas retenu le nom.

La Maman. — Le tout se nomme *pistil*.

Marie. — Bon! je puis à présent reconnaître dans la fleur : la *corolle*, le *calice*, le *pistil*, l'*ovaire*, le *style*, le *stigmate*.

La Maman. — Ajoutons-y une courte définition, et ce sera assez pour aujourd'hui.

Prends une épingle un peu fine et ouvre avec précaution, de bas en haut, l'espèce d'entonnoir de la corolle.

Marie. — C'est fait.

La Maman. — Qu'y vois-tu?

Marie. — J'y vois cinq petites têtes vertes.

La Maman. — Soutenues par cinq fils blancs attachés dans le tube.

Marie. — C'est bien cela.

La Maman. — Ces cinq fils blancs, avec leur cinq têtes vertes, s'appellent *étamines*.

Quand les cinq boules vertes seront mûres, il en sortira une légère poussière qui ira féconder les petites graines, les petits œufs que tu as vus dans l'ovaire. Cette poussière s'appelle *pollen*.

Marie. — Je ne veux plus jamais arracher les fleurs, puisqu'elles renferment tant de jolies choses.

La Maman. — Tu as raison, ma fille; il ne faut rien détruire.

Marie. — Dis-moi, mère, la poussière des étamines n'est pas toujours verte? Je me rappelle m'être barbouillée de jaune, en m'approchant du lis blanc de notre jardin. C'était le pollen, bien sûr?

La Maman. — Ta remarque est juste; le pollen contenu dans les étamines est le plus souvent jaune, comme celui du lis.

ÉTAMINES.

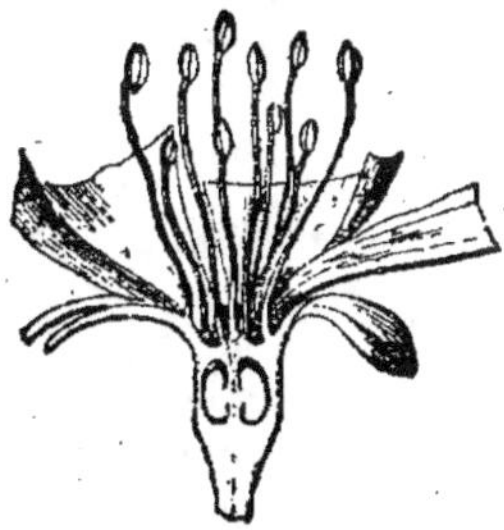

Fleur de pommier (coupe).   Étamine grossie.

Encore un mot pour terminer.

Comme le pistil, les *étamines* sont composées de trois choses : d'un *filet*, d'une *anthère* et du *pollen*.

Le filet est l'attache qui retient l'étamine à la plante, et l'anthère est un petit sac qui contient le pollen.

A l'époque de la maturité, le sac qui enferme le pollen s'ouvre, et cette poussière s'en échappe. Les abeilles en sont souvent couvertes lorsqu'elles sortent des fleurs où elles viennent de butiner pour faire leur miel et leur cire.

Marie. — Quatre mots nouveaux à mettre sur mon cahier : *étamine*, *filet*, *anthère*, *pollen*. Merci, merci, mère chérie.

3. FLEURS DOUBLES. — FEUILLES. SAUVAGEONS. — SOMMEIL. — IRRITABILITÉ.

> Tout ce que nous possédons est le fruit du travail, et rien ne se peut conserver que par le travail.

MARIE. — Ce matin, mère, j'ai apporté une rose de mon petit rosier; veux-tu m'en parler?

LA MAMAN. — Non, certes.

MARIE. — Pourquoi cela?

LA MAMAN. — Parce qu'elle est *double*, cette rose; or, je ne veux t'entretenir que de fleurs *simples*, ainsi que la nature les donne.

MARIE. — Mais, il n'y a pas de roses simples?

LA MAMAN. — Si, les roses des haies sont simples. Toutes les fleurs sont simples dans les champs, les prés et les bois; elles ne sont doubles que dans les jardins.

MARIE. — Quelle singulière chose tu me dis là!

LA MAMAN. — Oui, les fleurs à l'état naturel ou sauvage, sont toujours simples. C'est par la culture, par les soins du jardinier qu'on obtient ces belles fleurs doubles qui sont des fleurs de jardin. Dans ce cas, ce sont les étamines qui se changent en pétales. Vois ta rose double, elle ne présente plus que des pétales. Au lieu de cela, re-garde dans la haie voisine la rose sauvage, sa co-rolle pâle est remplie d'étamines.

Églantine.

Mais, je vais bien t'étonner. Les fleurs doubles sont

des espèces de monstres, pour les botanistes, parce qu'ils ne peuvent pas les étudier. Ta rose est la *rose du roi*. L'arbuste qui produit cette jolie fleur pourpre a été greffé sur un églantier ou rosier sauvage, comme celui que tu vois là-bas dans la haie.

MARIE. — Comment ! cette belle rose vient sur un arbuste sauvage ?

LA MAMAN. — Oui, parce que les rosiers sauvages sont plus vigoureux, comme tous les sauvageons, et qu'ils font ainsi produire de plus belles fleurs au sujet qu'ils portent.

Tu ne parais pas convaincue ; attends, je vais essayer de te faire comprendre.

La nature ne nous donne que des sauvageons. Les belles poires, les pommes, les pêches magnifiques, les prunes savoureuses sont, ainsi que les fleurs doubles, un produit du travail de l'homme. A l'état sauvage, les pommiers, les pruniers et le reste ne donnent que des fruits de peu de grosseur et désagréables au goût. As-tu quelquefois goûté aux prunelles des haies ?

MARIE. — Oui, et je me rappellerai toujours le mal d'estomac que je me suis donné. Je t'assure, maman, que je ne suis pas du tout de l'avis de messieurs les botanistes : je préfère les fleurs doubles aux simples, et les bons gros fruits cultivés aux fruits sauvages.

LA MAMAN. — Je le comprends, mais il ne faut rien mépriser d'une manière absolue, ma chère enfant. Si les botanistes préfèrent les plantes à l'état naturel, ce n'est pas par goût, c'est afin de pouvoir se livrer à l'étude. Que voudrais-tu qu'ils fissent de ta rose double, dont les principaux organes se sont changés en pétales ?

Quant aux sauvageons, ils ont pour eux qu'ils viennent tout seuls, sans qu'on s'en occupe; ce qui est bien un avantage, il faut le reconnaître, puisqu'ils ne nous ont rien coûté.

Marie. — Je veux bien, petite mère. Mais à quoi bon des sauvageons, puisque les fruits qu'ils donnent sont mauvais?

La Maman. — Ma fille, les sauvageons servent à faire les arbres qui donnent les beaux fruits que nous aimons tant, lesquels arbres n'existent que par la culture. Dieu nous a fait un devoir du travail; il nous donne les espèces sauvages et nous laisse le soin d'achever son œuvre. Bien plus, le labeur de l'homme ne saurait s'arrêter sans qu'aussitôt les plantes, les fruits, les arbres et les fleurs ne dégénèrent pour retourner à leur état primitif.

Marie. — Ah! par exemple!

La Maman. — Oui, mon enfant, c'est ainsi que la loi du travail s'impose à nous. Nos plus belles conquêtes sont les plus fragiles; elles ont besoin de soins vigilants pour ne point nous échapper. As-tu remarqué, dans le jardin de la maison des Anglais, qui est inoccupée depuis trois ans, les effets de l'abandon?

Marie. — Je le crois bien. Ce pauvre jardin est tout rempli de broussailles et de mauvaises herbes; on ne voit plus les allées, les beaux poiriers sont couverts de mousse. Je n'ai jamais rien vu d'aussi triste.

La Maman. — Eh bien, chère petite, l'éducation est aux enfants ce qu'est la culture aux plantes. Il y a aussi des sauvageons dans la nature humaine. — Mais revenons à ta rose, dont nous voici bien loin.

Marie. — Ah! tu vas donc m'en parler tout de même!

La Maman. — Je vais te parler seulement de ses feuilles si luisantes, si bien vernies en dessus.

Marie. — Mais alors, si elles sont vernies, comment peuvent-elles respirer ? Par où passe l'air?

La Maman. — Attendez donc un peu, s'il vous plaît, mademoiselle l'impatiente. Je dis que les feuilles sont vernies — en dessus seulement, de sorte que l'eau peut tomber sur ces petits parapluies sans détériorer le tissu si délicat qui se trouve abrité dessous.

Marie. — En effet. Mais on m'a dit que les plantes dorment ; est-ce vrai?

La Maman. — Oui, très vrai. Le soir, quand le soleil n'est plus à l'horizon, les plantes font comme les oiseaux et comme les petites filles : elles dorment; leurs corolles se ferment, leurs feuilles se replient, la plante sommeille.

Marie. — C'est bien curieux!

La Maman. — Tu n'auras qu'à regarder ce soir le bel acacia de la cour : quand tu verras ses feuilles se replier sur elles-mêmes, tu pourras dire qu'il dort. — As-tu remarqué que les arbres des boulevards, comme ceux des Champs-Élysées, à Paris, sont moins beaux que les arbres que nous rencontrons dans le bois de Clamart, par exemple?

Marie. — Oh! ceux de Clamart sont bien plus verts, bien plus hauts!

La Maman. — Cela tient à un manque de sommeil. Aux Champs-Élysées et aux boulevards, si pleins de lumière la nuit, les arbres restent trop longtemps éveillés.

Marie. — Est-ce possible? Mais alors le bruit des voitures doit aussi les gêner?

⁎⁎

La Maman. — Tu t'imagines donc que les arbres ont des oreilles ?

Marie. — Dame ! tu m'apprends tant de choses nouvelles que je pourrais bien supposer que les plantes entendent, puisqu'elles vivent et qu'elles respirent.

La Maman. — Eh bien non, elles n'entendent point, du moins que je sache. Mais elles sont irritables. — Quelques plantes s'impressionnent même vivement : telle est la *sensitive*, qui ferme ses feuilles au moindre contact, à l'approche d'un insecte, au passage d'un nuage sur le soleil.

Sensitive.

On raconte qu'un solitaire de l'Orient avait planté de sensitives les bords de l'étroit sentier qui conduisait à sa retraite. A peine un visiteur s'y était-il engagé qu'au frôlement de ses vêtements l'arbuste renversait ses feuilles frémissantes, et que l'impression transmise avec rapidité de proche en proche, d'un bout à l'autre du chemin, avertissait le saint homme de l'approche d'un étranger.

Marie. — Je voudrais bien voir cette allée-là.

La Maman. — Tu n'auras pas besoin d'aller si loin, fillette ; nous achèterons des sensitives, et tu pourras juger toi-même de cette particularité.

4. LES RACINES. — LA SÈVE.

Il ne faut rien mépriser :
les plus humbles sont souvent les plus utiles.

La Maman. — A mon tour aujourd'hui, de choisir mes plantes. Regarde ce que j'ai apporté.

Marie. — Oh ! des carottes ! des navets ! nous allons donc faire la cuisine ? Tiens ! les jolis petits radis roses !... C'est égal, j'aime encore mieux mes primevères.

La Maman. — Oui, mais s'il n'y avait que des primevères, mademoiselle la dédaigneuse, nous risquerions fort de mourir de faim. Les légumes, outre qu'ils jouent un grand rôle dans notre alimentation, présentent plus d'un côté intéressant à étudier. Dans ceux-ci, c'est la racine qui est la partie la plus importante du végétal : c'est pour elle qu'on les cultive. Je les ai choisis parce que je veux justement aujourd'hui te parler des *racines*. Je t'ai déjà dit que c'est par là que les plantes se nourrissent.

Examine avec moi ce *radis* d'un rouge vif.

Marie. — Je suis bien en peine de savoir par où il mange. Est-ce qu'il a une bouche, ce radis ?

La Maman. — Il en a même plusieurs. Tiens, vois ces fils qui accompagnent le radis, ce *chevelu*. — Chacun de ces fils est terminé par une petite bouche. Ces bouches, semblables à de petites éponges, se nomment *spongioles*. Elles pompent les sucs qui conviennent à la nourriture du végétal.

Racine,
chevelu.

Marie. — Ainsi, tu crois, mère, que la plante sait trouver ce qu'il lui faut ?

Lᴀ Mᴀᴍᴀɴ. — Certainement. Les plantes ne prennent dans la terre que la nourriture qui leur est propre. On a vu des arbres dont les racines traversaient de larges fossés pour aller chercher leur vie dans un champ voïsin. On a même remarqué que les végétaux ont des préférences, et que, dans certains cas, ils se déplacent insensiblement par le prolongement de leurs racines. Cet organe qui vit caché sous terre, la racine, montre quelquefois une sorte d'instinct presque analogue à celui des animaux. Il y a des arbres dont les racines traversent toute espèce d'obstacles, brisant des roches, passant dans des murailles pour aller trouver la bonne terre.

Mᴀʀɪᴇ. — Tous ces détails me font aimer les plantes davantage; je les trouve plus intelligentes que je ne l'aurais jamais supposé.

Pivoine sauvage.

Lᴀ Mᴀᴍᴀɴ. — Ce n'est pas de l'intelligence qu'elles montrent, c'est une sorte d'instinct qui porte tous les êtres organisés à rechercher ce qui peut entretenir leur vie ou l'accroître.

Mᴀʀɪᴇ. — Cet instinct n'en est pas moins surprenant. Que de choses curieuses la science fait connaître !

Lᴀ Mᴀᴍᴀɴ. — Les plantes aiment aussi la société. J'ai vu, près de Blois, aux Montils, un bois rempli de pivoines sauvages;

elles vivaient là par groupes. Il faut croire que ces plantes, généralement assez rares, avaient trouvé dans ce bois la nourriture qui leur convenait. Tu ne peux te figurer la beauté de ces pivoines rouges ; on aurait dit de véritables coupes de Bohême remplies de paillettes d'or. Celles dont l'ovaire mûr s'était ouvert laissaient voir leurs graines semblables à des perles de corail d'un rouge vif. Ces fleurs étaient d'une si grande beauté que j'aurais voulu les emporter toutes avec moi.

MARIE. — La pivoine? Je ne l'ai jamais vue que double.

LA MAMAN. — Oui, dans nos jardins, elle est double en effet; mais, dans les bois, elle est simple.

Reprenons notre étude.

La *racine*, comme le pistil et comme les étamines, est formée de trois parties : d'un corps qui est ici le radis lui-même, du chevelu qui est la véritable racine, et des spongioles.

MARIE. — Ces petites bouches qui mangent, m'as-tu dit?

LA MAMAN. — Oui. Maintenant, au-dessus de la racine, cette partie plus resserrée d'où partent les feuilles, s'appelle le *collet*.

MARIE. — Est-ce que le navet, la carotte, le radis donnent des fleurs?

LA MAMAN. — Oui, la carotte donne des fleurs blanches en *ombelles*, — sortes de petites ombrelles très jolies ; — le radis, le navet et les autres racines donnent aussi des fleurs ; toutes les plantes ont leur floraison plus ou moins brillante.

Fleur de carotte.

***

Des racines, la nourriture monte dans la plante, sous la forme d'un liquide incolore qui se nomme *sève*. La sève circule jusque dans les parties les plus hautes, à l'extrémité des feuilles.

MARIE. — Mère, les plantes seraient-elles malades si elles mangeaient trop ?

LA MAMAN. — Certainement, tout aussi bien que les petites filles. Quand les jardiniers, par exemple, arrosent trop, ils noient leurs plantes, et elles sont malades, elles ont une indigestion d'eau. Il en est de même si on les fume trop.

MARIE. — Ce n'est pas leur faute, c'est celle du jardinier.

LA MAMAN. — Oui; car les plantes ne peuvent pas refuser. Tandis que c'est bien la faute des petites filles, si elles mangent trop.

MARIE. — Tu as dit, mère, que la sève circule dans les plantes ?

LA MAMAN. — Oui, comme le sang chez nous. C'est le sang qui, dans l'homme et dans les animaux, entretient la vie; c'est également la sève qui l'entretient chez les plantes. — Je dois te dire que la sève, de même que le sang, a deux mouvements : un mouvement ascendant, qui est celui de la sève montante, et un mouvement descendant, pendant lequel la sève épaissie se dépose en couches nouvelles et produit la croissance des végétaux.

MARIE. — Que tu es bonne, de m'apprendre toutes ces choses ! Et dire que mon frère prétend que cela ne signifie rien d'étudier la botanique, que c'est bon pour les petites filles, parce qu'elles n'ont pas grand'chose à faire !

La Maman. — Ton frère n'a pas réfléchi, mon enfant. La botanique est une science charmante qui plaît et qui instruit à la fois ; elle nous fait connaître les plantes bonnes et utiles, elle nous initie aux merveilles de la nature et nous élève vers Dieu. Paul sera bien obligé de l'apprendre plus tard ; laisse-le venir : quand il aura compris que toutes les sciences se tiennent, il n'en voudra négliger aucune.

---

5. CLASSEMENT. — LES FAMILLES.

Tout semble difficile d'abord ; mais les premières difficultés vaincues, le reste se fait aisément.

Marie. — Mère, tu ne sais pas ce qui m'occupe depuis hier ?

La Maman. — Dis-moi cela, fillette.

Marie. — Quand je regarde le champ de blé, le grand bois, la haie, notre jardin, je me demande s'il est possible de connaître toutes les plantes ; il y en a tant !

La Maman. — Oui, mon enfant.

Marie. — Quoi ! toutes, toutes, toutes ?... Les herbes aussi, et la mousse, et tout enfin ?

La Maman. — Oui, cela est possible. Je vais te dire comment les botanistes s'y sont pris pour en venir à bout. — Après une infinité d'observations, ils ont reconnu que beaucoup de plantes sortent de terre avec *deux feuilles*, d'autres avec *une seule feuille*, et enfin certaines autres *sans feuilles*.

Marie. — Sans feuilles ? Quelles sont donc ces plantes ?

La Maman. — Les *champignons*, par exemple.

Marie. — Oui, vraiment !

La Maman. — Ces remarques ont été pour les savants le commencement d'une grande classification naturelle.

Marie. — Ah ! je comprends. Il y a d'abord les plantes qui naissent avec deux feuilles, puis celles qui n'en montrent qu'une, et enfin les plantes qui n'en ont pas du tout.

La Maman. — Parfaitement ! Mais il faut que tu saches que ces premières feuilles ne ressemblent point aux autres ; aussi leur a-t-on donné un nom particulier. Elles s'appellent *cotylédons*, d'un mot grec qui a, selon moi, le tort d'effrayer les commençants ; on aurait pu les appeler simplement : *feuilles nourrices*.

Ces cotylédons, en effet, sont des feuilles épaisses, charnues, destinées à nourrir la plante naissante, en attendant qu'elle ait poussé ses premières racines et ses premières feuilles, et qu'elle puisse se nourrir toute seule. C'est ainsi que les petits enfants sont allaités par leur mère, en attendant que les dents leur viennent.

Marie. — Oh ! que c'est curieux tout cela !

La Maman. — Oui, ma fille, curieux et encore plus touchant, car il n'est rien de plus digne de notre admiration que le soin prévoyant avec lequel la souveraine sagesse a tout préparé.

Les savants ont donc, ainsi que tu le disais tout à l'heure, reconnu trois grandes classes parmi les plantes :

Celles qui sortent de terre sans cotylédon, et qu'ils ont nommées *acotylédones* ; — celles qui sortent de terre avec un seul cotylédon et qu'ils ont nommées *monocotylédones;* — enfin celles qui sortent de terre avec deux cotylédons, et qu'ils ont nommées *dicotylédones.* Cela ne paraît pas bien compliqué, n'est-ce pas?

Ne t'effraye point de ces grands mots. Je te les dis maintenant parce qu'ils se rencontrent dans tous les livres; il ne faut pas qu'ils puissent t'arrêter plus tard, quand tu étudieras pour tout de bon la botanique.

MARIE. — Ah! maman, que cela me semble difficile!

LA MAMAN. — Tout semble difficile au premier abord; mais si l'on persévère, on s'aperçoit bientôt qu'une fois les difficultés du commencement franchies, le reste de la route se fait bien plus aisément. — Essaye et tu verras.

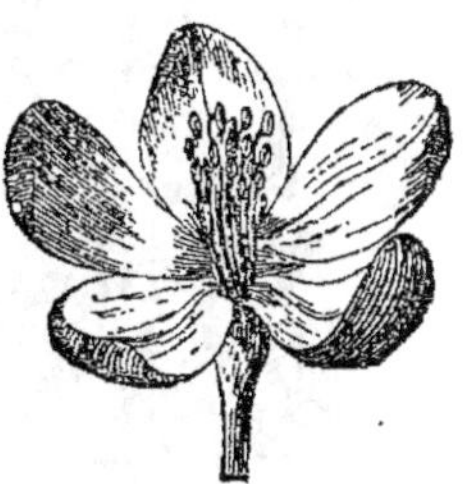

Plante dicotylédone.

MARIE. — Sois tranquille, mère, je vais bien t'écouter.

LA MAMAN. — Après ce premier grand classement basé sur la manière dont les végétaux sortent de terre, les botanistes en ont établi un autre sur la ressemblance générale. Ils ont observé qu'il existe entre des plantes, souvent très différentes de taille et d'aspect, une sorte de parenté dont les signes les plus évidents se rencontrent surtout dans la fleur. C'est ainsi que le *pommier,* le *rosier* et le *fraisier,*

Fleur de pommier.

pour n'en citer que trois, appartiennent à la même famille, celle des *rosacées ;* famille très nombreuse et très intéressante, car elle comprend la plupart de nos arbres à fruits.

C'est d'après les familles humaines que cette idée est venue aux savants. Tu as dû remarquer, dans les familles que nous connaissons, que les enfants ressemblent plus ou moins au père ou à la mère, par la couleur des cheveux, par les yeux, par la forme du nez, de la bouche, des dents, par la taille, la tournure, les bras, les jambes, les ongles, etc.

Marie. — Je sais, moi, que je ressemble à papa ; tout le monde dit que j'ai ses yeux. Et c'est Paul qui te ressemble ; il a tes grands yeux noirs.

La Maman. — C'est sur les ressemblances qu'on a d'abord reconnu les familles végétales. Mais, comme la *fleur* y joue le principal rôle, parlons-en un peu.

Composition de la fleur.

Giroflée des murailles.

Une fleur se compose d'une partie inférieure, verte presque toujours, qui s'appelle le *calice ;* d'une *corolle,* qui est la partie brillante de la fleur, et enfin du *pistil* et des *étamines,* placés au centre. — Tu te souviens de ce que nous avons dit à propos de ta primevère ?

Marie. — Oui, mère.

La Maman. — Parlons d'une fleur en forme de

croix, qui sert de type à une très grande famille :
celle des *crucifères ;* parlons de la *giroflée des murailles.*

Marie. — Je la connais, elle sent bien bon.

La Maman. — Cette fleur en croix renferme six étamines, dont deux courtes et quatre longues. Le *chou,*
le *navet,* le *radis* lui ressemblent ; ce sont des crucifères.

Autre exemple : les *tulipes,* les *jacinthes,* les *lis* présentent aussi des caractères communs ; leurs fleurs sont
sans calice, la corolle est à
six divisions, la tige est sans
feuilles, enfin, elles ont six étamines et un stigmate à trois
divisions. Tout, dans cette famille qu'on nomme la famille
des *liliacées,* est divisé par six
et par trois. — La *violette* et
la *pensée* se ressemblent de
forme ; elles sont de la famille
des *violacées.* Je pourrais t'en

Tulipe.

nommer bien d'autres, mais ce serait trop long pour
ta mémoire ; tu en apprendras davantage plus tard.
Sache seulement que les mers, les rochers, les rivières, les champs, les prés, les bois, les vignes, les
ruisseaux ont leurs plantes particulières ; on peut les
nommer toutes avec de l'étude et de l'attention.

Marie. — Mère, j'ai encore une confidence à te
faire...

La Maman. — Parle.

Marie. — Depuis que tu m'as appris que les plantes
respirent, je n'ose plus y toucher, tant je crains de
leur faire du mal.

La Maman. — Il ne faut pas s'exagérer ainsi les choses. Les plantes n'ont pas de *nerfs*. Le système nerveux n'existe pas chez elles; elles ne sont, par conséquent, point sensibles.

Marie. — Et l'allée de sensitives, chez le solitaire?

La Maman. — Je t'ai dit que c'était un effet d'irritabilité. On a effectivement donné à cette plante le nom de *sensitive* à cause de cette particularité; mais les mouvements qu'on lui voit faire sont plutôt des effets d'irritabilité que de sensibilité.

Aime les fleurs, ma petite, comme tout ce qui est beau; soigne-les sans crainte, car les plantes ont été créées pour les besoins de l'homme et des animaux. Je te dirai prochainement leur utilité et tu verras que, loin d'être pour nous des sujets de crainte, elles doivent être au contraire des causes de sécurité; car elles portent avec elles la santé et la vie.

Elles rafraîchissent l'air et l'assainissent, par l'échange continuel qui s'opère entre leur respiration et celle des animaux; elles revivifient l'atmosphère.

Toutefois, ce qui est vrai de la verdure en plein air ne l'est plus lorsqu'il s'agit des plantes qu'on renferme et surtout des fleurs et feuillages coupés. Garde-toi de conserver jamais un bouquet, la nuit, dans ta chambre : cette imprudence pourrait t'être funeste; les exhalaisons de certaines fleurs ont souvent causé de véritables empoisonnements.

6. LES TIGES.

L'agriculture fait la richesse d'un pays.

LA MAMAN. — Mettons à profit, chère enfant, l'instant de la promenade, pour faire connaissance avec les tiges des plantes : joignons toujours l'utile à l'agréable.

Arrêtons-nous d'abord à ce grand chêne, *roi de nos forêts*. Ce n'est point à tort, fillette, qu'on le nomme ainsi, c'est en effet le plus beau, le plus robuste des arbres de nos climats. Son bois, aux fibres serrées et résistantes, est le plus estimé de tous ceux que nous employons.

La tige du chêne, élevée et droite, prend, jusqu'à la hauteur où elle se divise en branches, le nom de *tronc*. Il en est de même pour tous les arbres.

MARIE. — Quel est donc cet arbre dont nous avons admiré un jour, dans les serres du Jardin des plantes, les feuilles immenses si élégamment courbées qui ressemblaient à de la soie effrangée? C'est celui-là que j'aurais bien pris pour le roi des arbres.

LA MAMAN. — Tu veux sans doute parler du *bananier*. C'est un arbre des pays chauds. Tu peux aussi lui donner une part de royauté, si royauté il y a; c'est un magnifique végétal, et il est aussi utile qu'il est beau. Ses fruits abondants tiennent lieu de pain à de nombreuses populations. Mais, chez nous, le bananier ne peut servir qu'à l'ornementation. Tu en as vu quelquefois en été dans les jardins publics; seulement, on est forcé de les rentrer avant l'hiver, car ils ne peuvent supporter le froid. La *banane*, fruit du bananier, ne mûrit pas non plus sous notre ciel.

Mais n'as-tu pas remarqué combien cet arbre diffère de ceux de ce pays?

Marie. — Ah! si, vraiment! chère mère, puisque j'ai même soutenu à mon frère que ce n'était pas un arbre, mais une plante.

La Maman. — Comment, une plante?

Marie. — Oui. Cela n'a ni branches ni tronc; les feuilles semblent partir du pied. On dirait un immense poireau, si ce n'était faire une comparaison trop irrévérencieuse pour un si important personnage.

La Maman. — Le bananier est, en effet, une plante monocotylédone, comme le poireau; et, bien que ces deux végétaux ne soient pas de la même famille, puisque le *poireau* est une *liliacée*, tandis que le *bananier* est dans les *musacées*, il y a cependant, entre eux, plus d'une analogie : la tige du bananier se forme, de même que la tige du poireau, de feuilles enveloppantes qui partent du collet de la racine. Aussi les botanistes donnent-ils au tronc des arbres monocotylédones le nom de *stipe*.

La différence entre le *tronc* et le *stipe* est effectivement très grande. Dans les arbres de notre pays, lesquels sont tous dicotylédones, la croissance se fait par couches concentriques, — par cercles, si tu veux. La sève, qui redescend épaissie, se dépose tout autour du bois, sous l'écorce, et forme chaque année une nouvelle couche. Cette couche, qui durcira avec le temps, s'appelle *aubier* (A) ou jeune bois. Mais voici justement un arbre abattu que le bûcheron a déjà scié en plusieurs tronçons. Regarde bien. Au centre est la *moelle* (M); autour sont les couches dures du bois, d'autant plus foncées qu'elles sont plus près du centre, et, par conséquent, plus anciennes : on les nomme *cœur* (C);

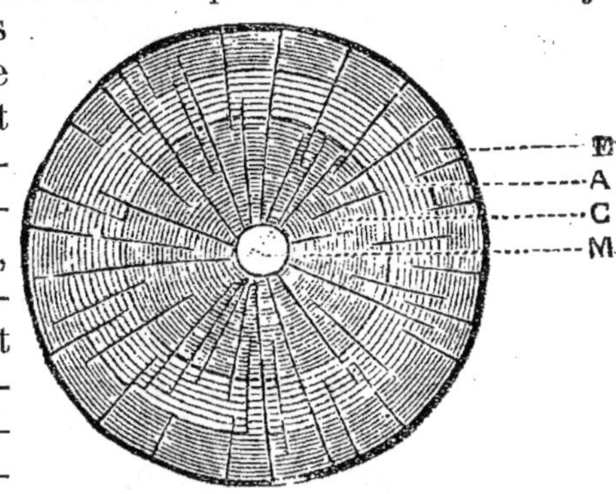

Coupe d'un tronc de chêne.
M, moelle; C, cœur; A, aubier; E, écorce.

puis, par-dessus, vient la couche d'*aubier*, la dernière formée : elle n'est pas encore à l'état de bois fait; enfin, pour envelopper le tout, voici l'*écorce* (E), qui est comme la peau de l'arbre et qui sert à le défendre, à le protéger.

MARIE. — Chaque couche représente donc une année?

LA MAMAN. — Précisément.

MARIE. — Alors, on pourrait savoir l'âge de cet arbre en comptant les couches du bois?

LA MAMAN. — Oui, mon enfant.

Mais, dans les arbres des pays chauds, qui sont presque tous des arbres monocotylédones, la croissance s'accomplit d'une façon bien différente. Là, point d'anneaux, point de couches circulaires, point de moelle ou plutôt point de canal médullaire au milieu; lorsqu'on scie cet arbre en travers, son tronc présente des faisceaux de fibres épars et sans ordre. Rentrons à la maison, je vais te faire voir une tranche de palmier que ton père conserve dans son cabinet.

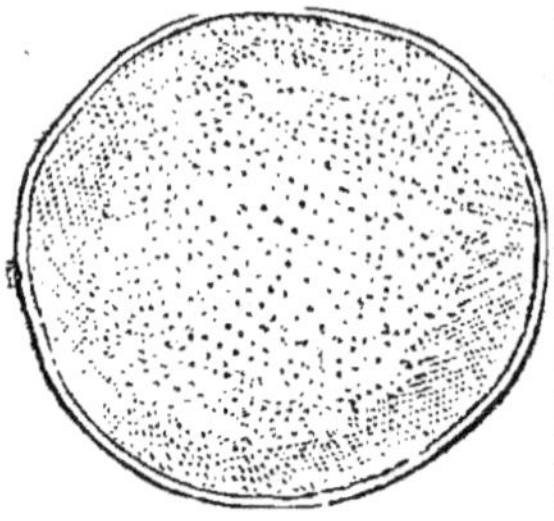

Marie. — Alors, on ne peut pas savoir son âge, à celui-là?

La Maman. — Si, la nature nous fournit un autre moyen. La tige du palmier s'accroît tous les ans, en hauteur, par le développement d'une sorte de bouton qui pousse au sommet et qui s'épanouit en feuilles, pour former la tête de l'arbre : car les monocotylédones n'ont généralement ni branches ni rameaux. ces feuilles, en se desséchant, tombent et laissent un anneau autour du tronc ou stipe. En sorte qu'on peut dire : autant d'anneaux, autant d'années.

Tranche de palmier (stipe).

Marie. — C'est bien simple.

La Maman. — Les monocotylédones qui croissent dans nos pays tempérés sont des végétaux d'un aspect plus modeste. Tu vois ce blé, dans le champ voisin; c'est une plante monocotylédone; celle-là n'a point d'âge, puisqu'on la coupe tous les ans.

Marie. — Oui, on coupe le blé tous les ans, quand il est mûr.

La Maman. — C'est une *plante annuelle*, c'est-à-dire une plante qui ne vit qu'une année. Le poireau, dont nous avons déjà parlé, la jacinthe, la tulipe et tous les oignons sont aussi des plantes annuelles.

Marie. — Alors, comment fait-on pour en avoir l'année suivante?

La Maman. — Les récoltes fauchées, le blé ne revient plus: c'est à recommencer, il faut le semer de nouveau.

Pour les plantes à oignons, comme la jacinthe, les tulipes, on a le choix entre la graine et l'oignon nouveau qu'on trouve au pied.

MARIE. — C'est beau, la culture !

LA MAMAN. — Oui ; et à mon avis, c'est la plus belle des professions.

MARIE. — Tous les hommes ne sauraient être des cultivateurs.

LA MAMAN. — Sans doute ; mais cependant cette profession devrait être plus recherchée. Cela viendra, je l'espère. Quand les hommes seront plus instruits, ils comprendront que c'est un noble métier ; nous aurons alors des terres mieux cultivées et d'un plus grand rapport ; nous aurons moins de landes, moins de friches, moins de terrains improductifs, et, au contraire, plus de champs, de prairies, de vignes, d'arbres fruitiers, de légumes ; plus aussi de bestiaux et d'aisance ; car l'agriculture fait la véritable richesse d'un pays.

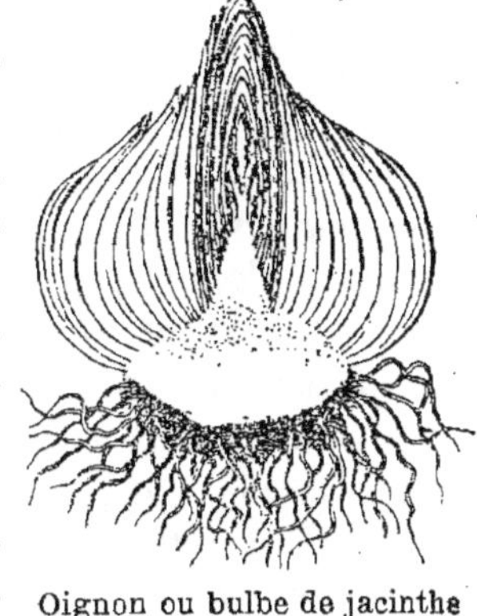

Oignon ou bulbe de jacinthe (coupe).

---

7. PLANTES UTILES.

Joignons l'utile à l'agréable.

LA MAMAN. — Je t'ai promis de te parler de l'utilité des plantes ; c'est ce que je vais faire ce matin. Et si tu veux être bien attentive, tu pourras tirer parti de cette causerie.

MARIE. — Avec grand plaisir, chère maman.

LA MAMAN. — Sous le rapport de leur utilité, les plantes peuvent se diviser en *alimentaires, fourragères, médicinales, textiles* et *tinctoriales*.

Les *plantes alimentaires* sont celles qui nourrissent, comme le *blé*, la *pomme de terre*, etc.

Les *plantes fourragères* donnent les fourrages : le *foin*, la *luzerne*, le *trèfle*, etc.

Les *plantes médicinales* sont employées en médecine, comme la *consoude*, la *guimauve*, etc.

Les *plantes textiles* servent à faire les tissus, la toile, la mousseline; ce sont : le *chanvre*, le *lin*, le *coton*, etc.

Les *plantes tinctoriales* servent à faire des teintures : le *safran*, la *garance*, la *gaude* (sorte de réséda sans odeur qu'on rencontre constamment au bord des chemins) sont des plantes tinctoriales.

Safran.

MARIE. — La *gaude*, je la connais : elle donne une teinture jaune.

LA MAMAN. — Nous pouvons ajouter que les bois servent à nous chauffer, à faire les charpentes et les portes de nos maisons, les parquets des appartements, les meubles; qu'on les emploie à la construction des voitures, des wagons, des navires et à cent autres usages. Dans les campagnes, les meilleures chaussures, pour le froid et la boue, sont faites en bois : ce sont les *sabots*. Il s'en fabrique chaque année des millions de paires. Enfin, c'est avec du charbon de bois qu'on chauffe généralement nos fourneaux de cuisine.

MARIE. — Ne m'as-tu pas dit tout à l'heure que je pourrais tirer parti de cette causerie?

LA MAMAN. — Certainement. Pourquoi n'apprendrais-tu pas à connaître les plantes qui guérissent, les *plantes médicinales?*

MARIE. — Je ne demande pas mieux.

LA MAMAN. — Tu en ferais toi-même une provision; tu les rangerais soigneusement dans l'armoire, dans des sacs bien étiquetés, et tu tiendrais cette sorte de pharmacie de ménage qu'une mère de famille prévoyante doit toujours avoir sous la main.

MARIE. — Oh! oui, mère, je commencerai dès demain, n'est-ce pas?

LA MAMAN. — C'est dit. Au premier rang tu peux noter la *mauve*, le *coquelicot*, la *bourrache* et la *violette*, dont on fait une infusion très bonne pour le rhume; — la *tisane des quatre fleurs*, comme on l'appelle. Les mamans la connaissent bien.

Vient ensuite la *fleur de tilleul*, dont l'infusion est employée contre les mauvaises digestions; puis c'est la *rose*, dont les pétales séchés servent à faire une eau bonne pour les yeux; enfin, la *fleur de sureau*, employée en infusion comme calmant.

Il y en a bien d'autres encore; je ne parle ici que des plus usitées.

MARIE. — Tu me les feras connaître aussi plus tard, n'est-ce pas, mère?

Lᴀ Mᴀᴍᴀɴ. — Oui. Mais ce n'est pas tout; il faut également savoir quels sont les *végétaux nuisibles*. Il y a des plantes qui sont des *poisons*, comme le *colchique* ou *tue-chien*, dont la fleur lilas tendre est si jolie et

Aconit napel.

d'autant plus trompeuse ; la *ciguë*, qui ressemble au persil ; la *belladone* ou *stramoine*, que l'on cultive dans les jardins sous le nom de *trompette du jugement;* l'*aconit*, ce joli char bleu que traînent deux petites colombes , et qu'on nomme *char de Vénus*. Nous ne cueillerons point toutes celles-là, elles n'entreront point dans notre pharmacie, quoiqu'elles soient utilisées en médecine.

Nous laisserons cette tâche à d'autres plus savants que nous, aux véritables pharmaciens, qui ont fait des études spéciales sur l'art de préparer les médicaments. Cependant il nous importe de les bien connaître, afin de nous préserver d'accidents qui ne sont malheureusement que trop fréquents.

Mᴀʀɪᴇ. — Ton expérience ne me guidera-t-elle pas?

Lᴀ Mᴀᴍᴀɴ. — Je te conduirai prochainement au *Jardin des plantes*, dans les parterres destinés à l'étude de la botanique. Tu y verras une quantité de petites étiquettes de couleurs différentes, placées au-dessus des plantes pour indiquer aux étudiants l'ordre, les classes, les familles et aussi les propriétés des végétaux.

La couleur *rouge* indique les plantes *médicinales;* la

verte, les *alimentaires;* la couleur *bleue*, celles qui sont utilisées dans les *arts;* la *jaune*, les plantes d'*ornement*, et la *noire*, les *vénéneuses* ou plantes malsaines.

Marie. — J'y ferai bien attention.

8. DISTRIBUTION DES PLANTES SUR LE GLOBE.

La vie est partout répandue,
et variée selon les climats.

Marie. — Mère, y a-t-il des plantes par toute la terre? Aux pôles, par exemple, où il fait si froid?

La Maman. — Sous la neige, dans les grandes mers de glace, non, il n'y a plus de végétation. Mais si du *pôle nord* ou *boréal*, tu redescends vers la *Laponie*, l'*Islande*, le *nord de la Suède* et de la *Russie*, tu rencontreras d'abord des *mousses* et des *lichens;* puis des arbres résineux, les *conifères : pins, sapins*, qui résistent le mieux à la rigueur du climat. Le *bouleau blanc* se montre aussi assez haut vers le pôle; le *chêne* ne passe pas le 60e degré nord; mais certaines *graminées*, l'orge et l'avoine, existent jusqu'au 70e degré.

Tu me comprends, n'est-ce pas?

Marie. — Oui, maman, je te suis sur la mappe-monde tendue dans cette salle.

La Maman. — Poursuivons. — Les régions tempérées, particulièrement en Europe, présentent la plus grande variété de plantes cultivées : les *céréales*, la *vigne*, le *pommier*, le *poirier*, le *prunier*, qui a été importé des environs de Damas, en France, par les croisés; le *pêcher*, originaire de la Perse; l'*abricotier*, qui nous vient de l'Arménie; le *cerisier*, qui est indigène et que les Gaulois nos ancêtres connaissaient bien ; le *noyer*, le *chêne*, le *frêne*, l'*orme*, le *hêtre*, l'*oranger* frileux qui n'habite que le Midi et n'est guère pour nous qu'un étranger, l'*olivier*, etc.

MARIE. — Ceux-là, je les connais tous.

LA MAMAN. — L'Asie tropicale produit en abondance le *riz*, qui forme la base de l'alimentation de presque tous les Asiatiques ; on y cultive également les plantes à épices . *muscadier, cannellier, giroflier, poivrier, gingembre, piment.*

MARIE. — Ah ! ces vilaines poudres rouges et brunes qui brûlent si fort la langue. Quelle horreur !

LA MAMAN. — Mon enfant, ces horreurs-là, comme tu dis, ne sont pas faites pour les petites filles ; elles sont même d'un usage assez rare chez nous. Mais il n'en est pas ainsi dans les contrées où la nature les a fait naître, et où on les cultive ; elles y sont un stimulant nécessaire pour l'estomac et pour les organes soumis à une chaleur énervante.

MARIE. — Tu as raison, maman. Dieu fait bien ce qu'il fait, et je ne suis qu'une ignorante.

LA MAMAN. — L'Afrique nous offre la magnifique famille des palmiers : *dattier, cocotier,* etc., et l'énorme *baobab,* le géant des arbres.

MARIE. — Et l'*arbre à pain* dont j'ai vu une image ?

LA MAMAN. — L'*arbre à pain,* aux gros fruits nourrissants, est particulier à l'Océanie.

MARIE. — N'est-ce pas également vers l'équateur que pousse le *cacaoyer,* dont l'amande fait le bon chocolat que je mange le matin ?

LA MAMAN. — En effet, le cacaoyer ne vient point dans nos pays ; on le cultive au *Mexique,* au *Nicara-*

gua, aux *Antilles*, au *Brésil*, dans la *Guyane*, etc., etc. Le *thé* ne croît guère que dans l'orient de l'Asie; la Chine nous le fournit abondamment. Le *café*, originaire de l'Arabie, est beaucoup cultivé aux Antilles, où on l'a importé au siècle dernier.

MARIE. — N'est-ce pas au Brésil qu'on rencontre les grandes *forêts vierges* dont tu m'as parlé quelquefois?

LA MAMAN. — Oui, mon enfant. Ces forêts cessent vers l'Ouest. Le terrain, qui s'élève graduellement, ne donne alors que des arbres chétifs dont la hauteur décroît insensiblement. C'est là que sont ces immenses plaines nommées *pampas*, où l'on ne trouve plus que des touffes d'arbustes et d'arbrisseaux nains; puis de grandes étendues couvertes de *graminées*, de *myrtacées*, et autres herbes folles.

MARIE. — Tiens! des herbes folles!...

LA MAMAN. — On donne ce nom, dans nos campagnes, aux herbes qui poussent sans culture et notamment aux graminées sauvages, pour les distinguer de celles qui sont cultivées et qui nous fournissent de bon grain.

MARIE. — Est-ce qu'il y a aussi du blé sauvage?

LA MAMAN. — Certainement. Ne t'ai-je pas déjà dit que la nature ne nous fournit que des sauvageons. Le *froment*, l'*orge*, le *seigle* de nos champs, aux épis bien nourris, viennent d'anciennes herbes folles dont on a fait l'éducation.

L'*Australie*, la *Nouvelle-Hollande*, la *Nouvelle-Zélande*, nous ont fait connaître, lors de leur découverte, des animaux et des plantes qui n'ont leurs semblables nulle part aujourd'hui; des *fougères* qui sont des arbres, des *conifères* (arbres résineux) dont les analogues ne se voient que parmi les espèces disparues dont les savants ont retrouvé des pétrifications.

MARIE. — On peut donc transporter ainsi dans notre pays les plantes et les arbres des autres contrées?

LA MAMAN. — Quelquefois; cela dépend des climats. La France elle-même comprend plusieurs climats qu'on appelle *zones de culture*.

Ainsi, la *zone du maïs* est à peu près limitée au Nord par une ligne allant de l'embouchure de la Charente au mont Donon. — Tu vois cela sur la carte?

MARIE. — Oui, mère; je te suis.

LA MAMAN. — Une petite *zone secondaire*, celle du *mûrier*, comprise dans le bassin du Rhône et de la Saône, au sud de Mâcon, et dans le bassin supérieur du Lot et du Tarn, jusqu'à Cahors et Montauban, est renfermée dans la zone du maïs.

MARIE. — Cela, c'est ce qu'on appelle *le midi de la France*, n'est-ce pas?

LA MAMAN. — Oui. Maintenant, la troisième zone, qui est la *zone de la vigne*, est limitée par une ligne diagonale tirée de l'embouchure de la Vilaine aux sources de l'Oise. Enfin, la quatrième, la *zone du pommier*, prend tout le reste du nord de la France jusqu'à la Manche.

MARIE. — Ah! oui. C'est en Normandie qu'il faut voir, au printemps, les pommiers en fleurs, on dirait des bouquets de mariées.

Que l'étude est attrayante avec toi, chère maman!

LA MAMAN. — Et comme elle rend heureux, n'est-ce pas?

MARIE. — Oui, mère, bien heureux!

PREMIERS ÉLÉMENTS

D'HISTOIRE NATURELLE

II

LES ANIMAUX

1. — CLASSIFICATION.

Plus on étudie la nature,
plus on admire l'ordre qui
y règne.

LA MAMAN. — Nous aurons aujourd'hui M. Paul. Il
paraît qu'il n'a pas pour les animaux le même dédain
que pour la botanique; j'en suis bien contente. En
attendant qu'il arrive, nous pouvons toujours dire
quelques mots du sujet de la leçon. — Je ne sais si
tu te souviens, car tu étais bien petite, ma chère Marie, d'une grande ménagerie que ton frère avait reçue
de son parrain, pour ses étrennes.

Dans le premier mouvement de sa joie, il étala d'a-
bord devant lui les nombreuses pièces de ce jouet
nouveau, et les admira l'une après l'autre; puis il
songea à les ranger et commença par séparer les

2

grands animaux des petits ; ensuite, il éloigna les voraces des pacifiques ; il s'entoura aussi de ceux qu'il aimait, et repoussa ceux qui lui inspiraient de la frayeur ou de la répulsion.

Enfin, après avoir bien des fois défait et refait son classement suivant différents ordres d'idées, il en vint à réunir, dans des groupes distincts, ceux qui marchent et ceux qui volent, ceux qui rampent et ceux qui nagent : les quadrupèdes, les oiseaux, les reptiles, les poissons, etc.

Ce dernier arrangement ne se fit pas, je dois le dire, sans tâtonnements ni erreurs ; Paul hésita bien des fois, mais il ne s'arrêta satisfait qu'après l'avoir achevé aussi parfaitement que ses petites connaissances et sa sagacité le lui permettaient.

Eh bien, ma chère Marie, ton frère avait ainsi trouvé d'instinct la *classification naturelle*. — Les savants ont aussi commencé par tâtonner. Ils ont fait pour les bêtes comme pour les plantes : ils les ont beaucoup observées, beaucoup étudiées, puis classées et rangées en familles. Ainsi, il y a la race *canine* dont notre chien fait partie, la race *féline* dont le chat est le type. Ceux-là sont des *carnivores* ou mangeurs de chair ; d'autres sont *herbivores* ou mangeurs d'herbe, etc., etc.

Marie. — Et les poissons, et les oiseaux, et les fourmis ?...

La Maman. — Patience, ma fille ; on ne peut tout embrasser à la fois. — Ah ! voici Paul !

Paul. — Mère, je viens écouter les jolies choses que tu vas nous raconter sur les animaux.

La Maman. — Bien. — Il faut que vous sachiez d'abord, mes enfants, qu'on divise les animaux, d'après la constitution de leur corps, en quatre grands embranchements :

1º Les **Vertébrés**;
2º Les **Annelés**;
3º Les **Mollusques**;
4º Les **Zoophytes**.

— Les **vertébrés** sont ceux qui, comme l'homme, comme nous, ont une charpente osseuse; ils sont très nombreux.

— Les **annelés** n'ont point de charpente osseuse, mais des anneaux mobiles, comme l'abeille, la crevette, les vers.

— Les **mollusques** n'ont ni os ni articulations; ils sont tantôt nus, comme la limace, et tantôt recouverts d'une coquille, comme le colimaçon, la moule, l'huître.

— Enfin viennent les **zoophytes**, chez lesquels la vie ne s'élève guère au-dessus de celle des végétaux; tels sont : l'éponge, le corail, etc.

Marie. — Comment! l'éponge et le corail sont des animaux?

La Maman. — Ne vous en déplaise, petite Marie, votre collier de corail est le résultat d'un travail fait par de petites bêtes de la mer. Ces bêtes se fixent au sol et forment, en poussant les unes au-dessus des autres, des espèces de végétations, des branches qui finissent par former des masses calcaires considérables. Ces branches des coraux, nous en faisons des parures.

Marie. — Cela me fait peur! Je ne veux plus mettre mon collier.

Paul. — Es-tu enfant, Marie! Les bêtes n'y sont plus, elles sont parties; il n'est resté que leur travail : le corail.

---

2. — Iᵉʳ EMBRANCHEMENT. — LES VERTÉBRÉS.

La Maman. — Parlons tout de suite des animaux les plus parfaits, des vertébrés.

Appelez votre chien; je veux vous faire toucher du doigt la démonstration, s'il est possible.

Paul. — Viens, Médor, viens ici.

Chien.

La Maman. — Passe ta main sur son dos; que sens-tu?

Paul. — Des nœuds.

La Maman. — C'est cela. — Si tu pouvais les compter, tu en trouverais trente-trois. Ces nœuds sont les *vertèbres;* ils forment ce qu'on appelle la *colonne vertébrale.*

Tous les animaux à quatre pattes, le cheval, le bœuı, le mouton, le chat; tous les oiseaux, tous les poissons, les serpents, les grenouilles, ont cette charpente osseuse, cette colonne vertébrale; ils font partie du premier grand embranchement, celui des **vertébrés.**

Ce grand embranchement, mes enfants, a été divisé en cinq classes principales, que je vais vous nommer :

> 1° MAMMIFÈRES ;
> 2° OISEAUX ;
> 3° REPTILES ;
> 4° BATRACIENS ;
> 5° POISSONS.

Division des Vertébrés.

LES MAMMIFÈRES. — LES OISEAUX.

> La dureté envers les animaux
> est la marque d'un sot orgueil
> ou d'un mauvais naturel.

LA MAMAN. — Les MAMMIFÈRES sont les plus parfaits des vertébrés. Parmi eux, au sommet, nous trouvons l'*homme.*

MARIE. — Comment! l'homme parmi les animaux?

LA MAMAN. — Oui, Marie; mais au premier rang, et dans un ordre à part. Ce qui ne veut pas dire que nous soyons des bêtes.

MARIE. — C'est égal, cela m'humilie d'être classée parmi les animaux.

LA MAMAN. — Tu es donc plus fière que saint François d'Assise, qui appelait les oiseaux « mes frères ailés. »

D'ailleurs, il ne faut pas mépriser tant des créatures qui nous rendent mille services et sans le secours desquelles nous serions bien malheureux. Regarde un peu. Pour ne parler que de ceux qui nous entourent, le bœuf n'est pas seulement un robuste travailleur : il nous nourrit de sa chair, de sa peau nous faisons des chaussures, des malles, des courroies, etc.; j'en puis dire autant de la vache, cette nourrice qui fournit de si bon lait; de la chèvre, autre laitière; du mouton, dont la laine, tissée en fin drap, en moelleuses étoffes,

> ... *Nous* tient chaud l'hiver et *nous* fait beaux l'été.

Il n'est pas jusqu'au porc, si peu agréable d'aspect, qui ne soit cher à votre gourmandise, j'en suis sûre. Ajoutons qu'il n'est pas une parcelle de ce pauvre animal dont on ne tire avantage. Et le cheval? et l'âne, si humble et si utile? et le chien, votre ami Médor, par exemple?

Marie. — Oui, mère, tu as raison, et je ne suis qu'une étourdie.

La Maman. — La classe des mammifères est facile à reconnaître à ce signe que la mère nourrit ses petits de son lait. Dans les autres classes, on ne voit rien de semblable. Ainsi, les oiseaux...

Marie. — Je sais, mère; les oiseaux se nourrissent dans l'œuf. J'ai vu mes petits serins déjà assez avancés à leur sortie de l'œuf; la coquille était vide et la mère leur a donné la becquée tout de suite.

Paul. — Mais, maman, il n'y a aucune comparaison à établir entre les oiseaux et les mammifères.

La Maman. — Je vous demande bien pardon, monsieur le savant ; les oiseaux ne sont pas si éloignés des mammifères que vous semblez le croire, et la preuve c'est que les naturalistes les ont placés immédiatement après.

PAUL. — Cependant, les oiseaux...

LA MAMAN. — Mon ami, la charpente osseuse des oiseaux présente les mêmes divisions que celle des mammifères. Si les oiseaux volent, c'est que les os de leurs épaules sont disposés de manière à favoriser la puissance de leurs ailes. L'*omoplate* (os situé à la partie postérieure de l'épaule) est étroite, mais très allongée dans le sens parallèle à l'épine dorsale.

Les ailes ne diffèrent pas autant qu'il te semble des bras de l'homme ; on y voit les os du bras, l'avant-bras et la main ramassée en un moignon qui porte de longues plumes à son bord postérieur.

MARIE. — C'est bien curieux ce que tu nous dis là, mère.

LA MAMAN. — Certains oiseaux ont un vol très puissant. Les oiseaux de proie, notamment, comme l'*aigle*, le *vautour*, le *condor*, qui enlèvent des agneaux ; la *buse*, qui fond sur les poules de nos basses-cours, chasse au lapin dans les champs et emporte sa proie dans les airs ; les grands oiseaux de mer, tels que la *frégate*, qui brave la tempête et enlève des poissons. Enfin, en dehors de ces rapaces, citons la gentille *hirondelle*, qui chasse aux insectes et se tient en l'air sans se reposer pendant toute la durée des longs jours d'été.

D'autres, comme les oiseaux domestiques, semblent avoir des ailes pour ne point s'en servir ; ainsi, la *poule* ne vole guère. Le moineau, si commun à la ville et aux champs, ne saurait voler bien loin; c'est pourquoi il

Passereau.

ne nous quitte pas à l'approche de l'hiver, tandis que les nombreuses espèces qui se nourrissent exclusivement d'insectes traversent les mers chaque année, à la fin de l'automne, pour aller vers des contrées plus chaudes, d'où elles nous reviennent au printemps.

LES REPTILES. — LES BATRACIENS. — LES POISSONS.

Tout ce qui rampe et se cache nous inspire une profonde aversion. Le serpent est l'emblème du mensonge.

LA MAMAN. — Hier, mes enfants, nous avons parlé des oiseaux.

Passons aujourd'hui un peu plus rapidement sur les autres divisions des vertébrés qui nous restent à voir.

PAUL. — Je ne me plains pas de la leçon d'hier, moi, mère, je ne la regrette pas; à moins que tu n'éprouves quelque fatigue.

LA MAMAN. — Non, mon fils, aucunement. — Poursuivons notre étude. La classification des animaux peut être comparée à une échelle. Sur cette échelle, parmi les vertébrés, nous rencontrons, au-dessous des

Serpent.

oiseaux, les REPTILES ou animaux rampants, comme les *serpents;* puis, au-dessous encore, les BATRACIENS, comme le *crapaud,* la *grenouille,* qui vivent également sur la terre et dans l'eau; puis enfin les POISSONS.

Commençons par les REPTILES.

LES ENFANTS. — Maman, montre-nous quelques-uns de ces reptiles dans ton livre d'images.

LA MAMAN. — Voici d'abord l'un des plus gros : c'est le *crocodile*, espèce de grand lézard qui atteint jusqu'à 8 mètres de longueur et qui vit dans l'eau beaucoup plus que sur la terre. Il est très vorace, très redoutable; on en trouve beaucoup en Égypte, dans le Nil,

Crocodile.

et en Guinée où les nègres lui ont donné le nom de *caïman*. Dans les possessions des Portugais, on l'appelle *alligator*. Enfin, dans les fleuves de l'Inde, il en existe une espèce particulière, au museau effilé, c'est le *gavial*.

MARIE. — La vilaine bête!

LA MAMAN. — Voici la *tortue*, que vous connaissez bien; les *serpents*, dont les variétés s'étendent depuis l'énorme *boa* et le dangereux *serpent à sonnettes*, jusqu'à la *vipère* venimeuse et à la *couleuvre* inoffensive

*

de nos pays. Je laisse de côté les différents *lézards*, et je passe tout de suite aux batraciens.

Les batraciens, qui sont aussi nommés *amphibies*, parce qu'ils vivent à la fois dans l'eau et sur terre, ont été longtemps classés parmi les reptiles. Ils ont ceci de particulier que, dans leur jeune âge, ils se rapprochent des poissons par leur conformation. Les principaux animaux de cette classe peu nombreuse sont la *grenouille*, le *crapaud* et la *salamandre*.

Voici une petite grenouille que j'ai trouvée hier dans la prairie, au bout du jardin; c'est la grenouille verte des prés, connue aussi sous le nom de *rainette*. Voyez comme elle est jolie et délicate, avec sa peau de satin vert clair.

Marie. — Pourquoi as-tu mis une échelle dans son bocal ?

La Maman. — Afin qu'elle nous annonce chaque jour le temps qu'il fera. Quand elle descendra au fond de l'eau, ce sera signe de pluie; quand elle montera son échelle, ce sera au contraire signe de beau temps.

Paul. — Tiens ! c'est comme le baromètre de papa.

La Maman. — Justement. A présent que vous savez quels services elle peut nous rendre, j'espère que vous ne la tourmenterez pas?

Les Enfants. — Oh ! non, maman; nous te le promettons.

La Maman. — Les grenouilles des marais et des étangs deviennent, en grossissant, d'une couleur foncée, presque noire. Vous connaissez le cri des grenouilles?

Paul. — Je crois bien; elles font : co-ax, co-ax, co-ax.

La Maman. — Le *crapaud* est proche parent de la

grenouille; seulement son aspect repoussant, son habitude de se cacher dans les trous obscurs et humides tendent à nous le rendre odieux. Cependant il est timide, inoffensif, et nous rend grand service en faisant la guerre aux ennemis de nos jardins : les petits limaçons, les vers et les insectes dont il se nourrit.

Les crapauds ne sortent que la nuit. Avez-vous entendu leur cri quelquefois?

Marie. — Oui, maman; je l'ai entendu le soir, dans les prés. Cela ressemble au tintement d'une clochette.

La Maman. — Il est temps que nous nous occupions des poissons.

Paul. — Maman, je voudrais te faire une question. Comment les poissons font-ils pour respirer dans l'eau? — Moi, s'il m'arrive de perdre pied en prenant un bain dans la rivière et que ma tête s'enfonce sous l'eau, je sens les oreilles qui me tintent, je n'entends plus; je crois que je vais mourir.

Marie. — Mais les poissons ne respirent pas, puisqu'ils vivent dans l'eau.

La Maman. — Tu te trompes, ma fille. ils respirent, comme tout ce qui vit. L'organisation des poissons est telle qu'ils peuvent respirer l'air contenu dans l'eau, sans que les oreilles leur tintent. Les branchies, sortes de lames frangées que recouvrent les ouïes, sont les poumons des poissons; c'est par ces branchies qu'ils respirent.

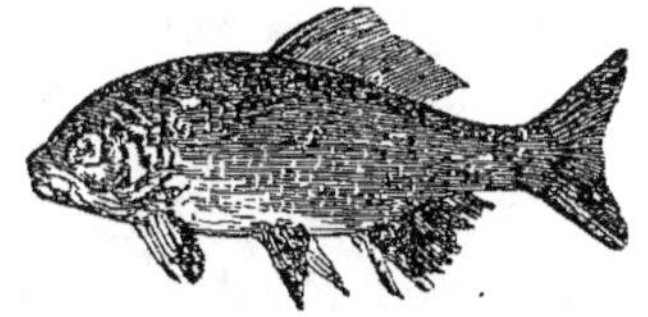

Poisson (carpe).

Paul. — Eh bien! puisqu'il leur faut, comme à nous,

de l'air pour vivre, d'où vient qu'une fois en plein air, hors de l'eau, les poissons meurent?

LA MAMAN. — Ils meurent hors de l'eau parce que leurs branchies ont besoin, pour fonctionner, d'être humectées, et, qu'une fois à l'air, elles sèchent. L'air n'y passant plus, la respiration s'arrête, le poisson meurt. Ce sont des organes qui sont faits pour fonctionner dans l'eau, et non au grand air.

MARIE. — Une chose m'occupe beaucoup, dans les poissons. Je sais bien qu'ils nagent, puisqu'ils ont des nageoires; mais comment font-ils pour se soutenir dans l'eau, pour monter et descendre si vite?

LA MAMAN. — Tu n'as donc jamais vu vider un poisson, quand on l'apprête pour le faire cuire?

MARIE. — Pardon, maman, j'en ai vu.

LA MAMAN. — Eh bien, tu as dû remarquer alors une vessie pleine d'air que les poissons ont dans le ventre.

PAUL. — Oui, oui. On m'en a même donné pour les faire éclater sous mon pied. Cela claque comme un coup de fouet.

LA MAMAN. — Cette vessie pleine d'air sert aux poissons pour se soutenir dans l'eau; absolument comme celles qu'on attache sous les bras des enfants auxquels on apprend à nager.

PAUL. — Ah! oui, je comprends. — Mon oncle m'en avait acheté deux, l'été dernier, pour aller aux grands bains de rivière. C'étaient des vessies de cochon, réunies par des cordons. Cela vous porte sur l'eau : il n'y a pas de danger qu'on enfonce.

LA MAMAN. — Pour monter, les poissons gonflent leur vessie; pour descendre, ils la compriment. En la comprimant, ils se font plus petits, sans peser moins, et deviennent par conséquent plus lourds proportionnellement à leur volume, ce qui les fait descendre. Au contraire, en gonflant la vessie, ils se font plus gros sans peser plus, et ils montent. Plus petits, ils déplacent moins d'eau ; plus gros, ils en déplacent davantage : voilà tout le secret.

Les Enfants. — Merci, mère, de ces bonnes explications.

La Maman. — Mon fils, fais-moi le plaisir de résumer en peu de mots les divisions des vertébrés que nous venons de nommer.

Paul. — Volontiers, mère.

Les *Vertébrés*, animaux à vertèbres, sont divisés en cinq classes :

1re classe : les Mammifères, qui nourrissent les petits de leur lait (la chèvre) ;

2e classe : les Oiseaux, qui volent et vivent dans l'air (le moineau) ;

3e classe : les Reptiles, qui rampent (le serpent) ;

4e classe : les Batraciens, qui vivent sur la terre et dans l'eau (la grenouille) ;

5e classe : les Poissons, qui vivent dans l'eau (la carpe).

La Maman. — C'est bien. — Maintenant, quelques remarques, pour en finir avec les animaux vertébrés.

Nous avons dit que ce qui caractérise les animaux de la première classe, c'est que les petits sont allaités par la mère, pourvue, dans ce but, de mamelles : d'où le nom de *Mammifères*. Il faut ajouter qu'ils naissent tout formés, ce qui fait qu'on les nomme *vivipares*.

Les Enfants. — Oui. mère.

******

La Maman. — Les quatre autres classes sont dites *ovipares*, parce que les petits sont pondus par la mère, sous forme d'œufs. Ces œufs éclosent au bout d'un temps plus ou moins long. Ainsi, les oiseaux, les reptiles, les batraciens et les poissons sont *ovipares*.

Dans les deux dernières classes, les femelles pondent généralement chaque année des milliers de tout petits œufs semblables à de la graine. Vous en avez vu sans doute dans les poissons, dans les harengs, par exemple.

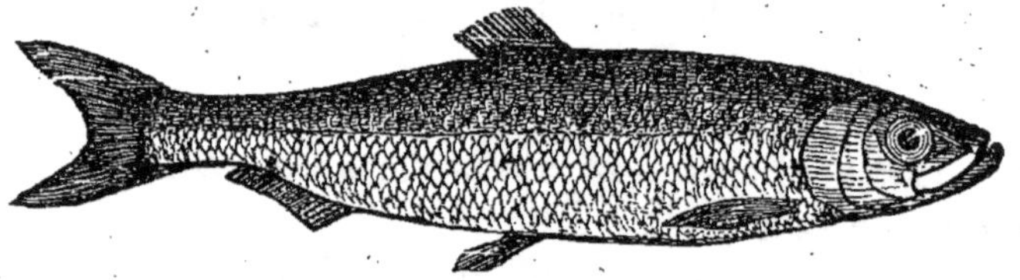

Hareng.

Les Enfants. — Oui, oui; nous en avons vu et même mangé.

La Maman. — Enfin, de tous les animaux *vertébrés*, il n'y a que les mammifères et les oiseaux qui aient le sang chaud; les trois dernières classes sont composées d'*animaux à sang froid*.

Paul. — Oui, retenons bien cela : les grenouilles, les serpents, les lézards, les tortues, les poissons, sont des animaux à sang froid.

3. — IIe EMBRANCHEMENT. — LES ANNELÉS.

ARTICULÉS. — VERS.

Les Insectes.

> Qu'est-ce qu'une mouche? — Pour l'ignorant, moins que rien ; pour le savant, une merveille.

LA MAMAN. — Paul, si tu peux attraper une mouche au vol, nous l'étudierons.

PAUL. — Pan! j'en tiens une. — La voilà!

LA MAMAN. — Remarquez, mes enfants, que le corps de cette petite bête est sans os, sans colonne vertébrale; qu'il est simplement formé d'articles ou articulations, d'où la dénomination d'ARTICULÉS. Les ailes, les pattes, la tête même, se détachent facilement. Cette tête tient à une espèce de corselet qui, lui-même, tient à l'abdomen, ou ventre, si vous aimez mieux. Dans tous les insectes, ces trois parties sont distinctes : la tête, le corselet ou thorax et l'abdomen. Les pattes s'y rattachent de chaque côté par paires. Les insectes ne diffèrent entre eux que par leurs formes extérieures et leurs vêtements.

Elles sont souvent très coquettement vêtues, ces petites bêtes. Voyez le scarabée des jardins, le *jardinier*, comme on le nomme; est-il beau, dans son habit doré! Et le *hanneton*, avec son vêtement couleur chocolat! Et le *bourdon* des pierres, tout habillé de velours noir!

MARIE. — Oui, mais ils sont parfois bien traîtres, ces beaux insectes; les abeilles surtout.

La Maman. — L'abeille, ma petite fille, est une grande travailleuse; elle se défend quand on l'attaque, voilà tout.

Paul. — Je prends comme toi son parti, mère; et je dis qu'elle est d'un bon exemple pour les petites filles. C'est une grande ménagère. — Veux-tu nous parler de son travail?

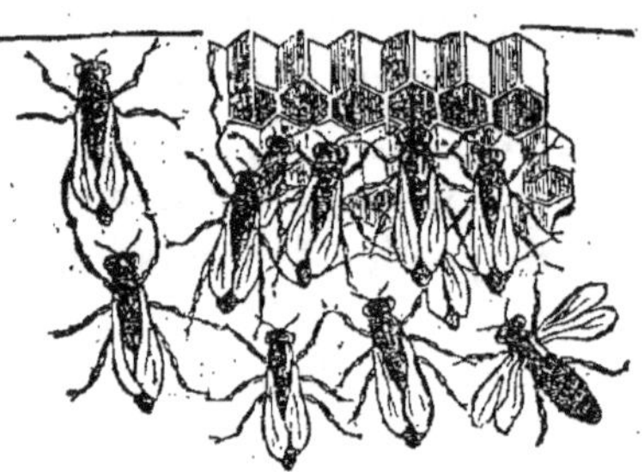

Abeille au repos.

La Maman. — Volontiers. Quand une colonie d'abeilles s'établit quelque part, c'est une femelle, la *reine* ou plutôt la *mère*, qui se met à la tête; les mâles et les ouvrières la suivent. Où qu'elle se pose, ils se posent avec elle, et une colonie nouvelle s'établit.

Un essaim compte six à huit cents mâles et huit à dix mille ouvrières. En entrant dans la ruche, chacun prend sa besogne, et la maison est bientôt cloisonnée de gâteaux de cire, qui ne tardent pas à se remplir de miel.

Chaque gâteau est formé d'une double rangée de cellules. Des ouvertures sont ménagées entre les gâteaux, de manière que l'abeille puisse parcourir toutes les parties de la ruche, sans être obligée de revenir sur ses pas.

Abeilles au travail.

Paul. — Et quelle forme ont ces cellules?

La Maman. — La forme d'un prisme à six faces. Une seule mère pond les milliers d'œufs qui doivent donner de nouvelles abeilles; aussi est-elle entourée de soins et d'égards comme le chef et la source d'une si nombreuse famille.

Une fois les cellules terminées, la mère, suivie d'un nombreux cortège d'ouvrières, va déposer un œuf dans chacune de ces chambrettes. Ses suivantes, pendant ce temps, pourvoient à sa toilette, à sa nourriture; c'est une chose touchante! Les unes la débarbouillent, la lèchent; les autres la nourrissent : aucune ne l'obsède ni ne l'ennuie. Le nombre d'œufs qu'elle dépose ainsi peut être de six à douze mille; cela dure près de trois semaines.

Deux jours après la ponte, la larve sort de l'œuf; une nourrice lui apporte à manger plusieurs fois par jour. — Encore cinq à six jours, puis la nourrice clôt la cellule, et la larve file son cocon; la métamorphose va s'opérer. — Trois jours plus tard, la larve est à l'état de chrysalide ou de nymphe. — Huit jours encore, et la chrysalide devient abeille.

MARIE. — Comme c'est intéressant!

LA MAMAN. — Suivez bien ce qui va se passer.

Le couvercle de la cellule se soulève, l'abeille sort; ses nourrices, car elle en a plusieurs, s'empressent de la lécher, de la nettoyer; le soleil fait le reste. — C'est par centaines qu'elles sortent des cellules; ce jour-là, c'est grande fête parmi les abeilles.

Abeille au vol.

Les petites chambrettes abandonnées sont aussitôt remises en état par les ouvrières, qui sont d'une activité infatigable. Mais, il faut bien le dire, ces ouvrières si actives, si remplies d'attentions pour leur mère et

✳✳✳

pour les petits nourrissons qu'elle leur a donnés, sont des ménagères dont l'esprit d'économie va jusqu'à la cruauté. Les mâles mangent beaucoup et ne travaillent pas; ils ne produisent ni miel ni cire. L'hiver approche; adieu les fleurs où les abeilles trouvent de quoi faire le miel et la cire : les provisions vont donc devenir rares ! Alors, sans pitié, les ouvrières se débarrassent des bouches inutiles, en tuant ces paresseux de mâles.

C'est un véritable massacre.

PAUL. — Ah! cette fin me déplaît. L'histoire des abeilles serait charmante sans cela.

MARIE. — J'aime mieux alors que tu nous parles des jolis papillons.

LA MAMAN. — Oui, ma fillette, parlons de ces charmants insectes dont la beauté consiste entièrement dans la coloration de leurs ailes.

PAUL. — D'où vient cette coloration, mère?

LA MAMAN. — Cette coloration est due à une sorte de poussière écailleuse fixée à la surface de l'aile, et qui forme la plus brillante parure.

Les papillons ont quatre ailes membraneuses et croisées, et une bouche à suçoir. Quelques-uns ont même une trompe avec laquelle ils vont pomper, au fond du calice des fleurs, les sucs dont ils se nourrissent.

MARIE. — Ce sont donc des gourmands, ces beaux insectes?

Papillon.

LA MAMAN. — Ils n'ont pas toujours été aussi beaux.

Les papillons sont soumis à des transformations bien étonnantes. Leur vie se compose de trois phases bien caractérisées. Ce bel insecte que tu admires, et qui va voltigeant de fleur en fleur, plus brillant que les fleurs elles-mêmes, a commencé par être chenille.

MARIE. — Une chenille!...

LA MAMAN. — Une vilaine chenille! — Après un certain temps passé à ramper, pour chercher péniblement sa nourriture, la chenille choisit une retraite où elle se file une enveloppe de soie bien ouatée, bien chaude, recouverte d'une espèce de toile cirée qui lui forme une enveloppe imperméable à l'eau. Cela ressemble à un fruit : c'est le tombeau où la chenille s'endort, pour se réveiller plus tard sous la forme brillante du papillon.

Oui, un beau jour, la chrysalide ressuscite avec des ailes. Alors commence une nouvelle vie. Ce n'est plus la vilaine bête rampante et vorace; le papillon s'élève dans les airs, au-dessus des plus grands arbres, et fait briller au soleil ses couleurs éclatantes.

MARIE. — Le ver à soie vient aussi d'un papillon, n'est-ce pas, mère?

LA MAMAN. — Oui; il vient au monde comme le petit poulet, ce ver : il sort d'un œuf qui ressemble à une graine. A peine sorti, il se met à manger, et, durant les trente-quatre jours de son existence, son appétit va croissant. Aussi grandit-il rapidement. Ce long repas est cependant interrompu. Quatre fois, les vers à soie changent de peau; c'est ce que les personnes qui s'en occupent appellent les quatre *âges* de ces petits animaux. A l'approche de chaque *mue*, ils s'en-

****

gourdissent et cessent de manger; mais ensuite leur faim redouble. On les nourrit avec les feuilles du mû-

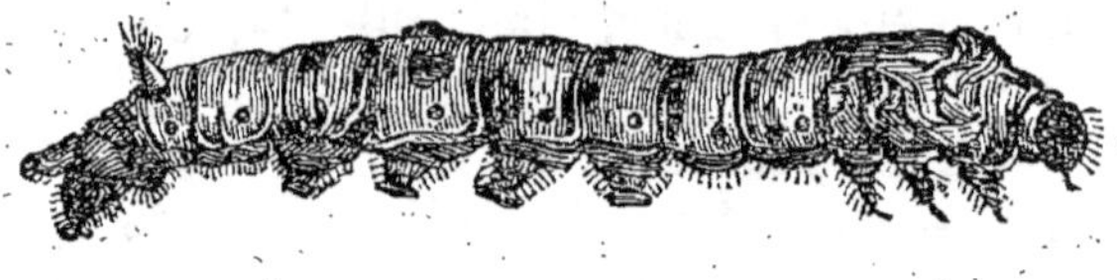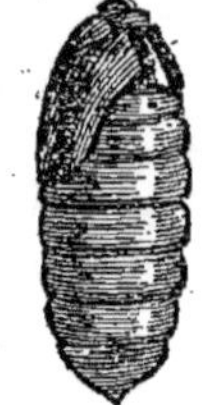

Ver à soie et sa chrysalide.

rier; ils en dévorent des quantités considérables et font en mangeant un bruit qui ressemble à celui d'une forte averse.

MARIE. — Dis-nous, mère, comment ils font la soie?

LA MAMAN. — C'est après son quatrième changement de peau, après sa quatrième mue, que s'élabore dans le ver le suc qui va faire la soie. Le moment venu, son corps est blanc, mou, et il sort de sa bouche un fil qui sert d'abord à le fixer sur une branche, puis à cloisonner sa maison. En tournant continuellement sur lui-même, en divers sens et en se dandinant, il enroule sur son corps, passé à l'état de bobine, ce fil de soie qui passe par sa lèvre percée. La soie est le produit des glandes salivaires de l'insecte. C'est le résultat des feuilles qu'il a mangées. — Il dépend de la nature du ver que cette soie soit jaune ou blanche.

MARIE. — En file-t-il beaucoup comme cela?

LA MAMAN. — Souvent plus de 600 mètres.

Ce travail dure quatre jours, au bout desquels le *cocon* est achevé. Il ressemble alors à un petit œuf tout enveloppé de fils de soie excessivement fins et brillants, tantôt d'un beau jaune et tantôt d'un blanc éclatant.

Le ver à soie reste ainsi emprisonné de dix-huit à vingt jours, et, tout en dormant, se transforme en papillon. Au bout de ce temps, l'insecte, au moyen d'une liqueur qu'il produit, amollit la partie du cocon qui doit s'ouvrir pour lui livrer passage; de sa tête, alors, il frappe violemment ce point humide, le cocon cède, se perce, et le papillon sort.

Ce papillon du ver à soie n'est point beau : il est gros, velu, court, blanchâtre, vilain en un mot; il ne vit pas

Papillon du ver à soie avec ses œufs et son cocon.

plus de dix à vingt jours, il meurt après la ponte. Mais n'ayez pas peur pour l'espèce, une seule femelle dônne plus de cinq cents œufs.

Ajoutons, pour compléter cette histoire, que la soie ainsi brisée par la sortie du papillon serait perdue totalement; c'est pourquoi l'éleveur a soin de devancer l'heure de la sortie. Pour conserver les cocons intacts et en avoir la soie, on les jette dans l'eau bouillante, où l'insecte meurt. On en laisse seulement un certain nombre arriver à terme pour la reproduction.

La culture des vers à soie est une industrie du midi de la France, où on les appelle des *magnans;* c'est de là que vient le nom de *magnaneries* donné aux bâtiments consacrés à cet usage.

Marie. — Ainsi, le ruban de soie bleu que j'ai là, c'est un ver qui l'a produit.

Paul. — Oh! mère, Marie s'imagine, je crois, qu'il y a des vers bleus.

Marie. — Mais non, je sais bien qu'on teint la soie, méchant frère.

La Maman. — Dépêchons-nous, il se fait tard, nous nous sommes arrêtés longtemps aux *insectes*.

— Il y a encore trois classes d'ANIMAUX ARTICULÉS; mais ceux-là présentent moins d'intérêt; ce sont généralement de vilaines bêtes.

Après les insectes viennent les *mille-pieds;* puis les *arachnides*, parmi lesquelles il suffit de nommer l'*araignée* et le *scorpion;* et enfin les *crustacés*, qui vous

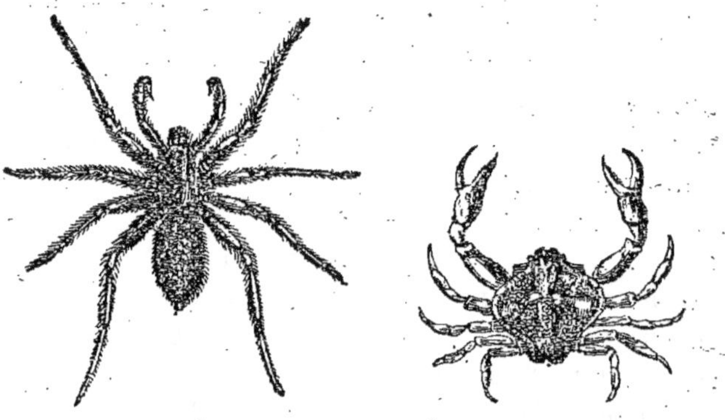

Araignée.   Crabe.

plairont davantage, je crois, car c'est dans cette classe que les savants rangent le *crabe*, l'*écrevisse*, la *crevette*.

Paul. — Vivent les écrevisses, et à bas les araignées, ainsi que les scorpions!

Marie. — Moi, je réclame en faveur des crevettes.

La Maman. — Alors, puisque vous êtes déjà si diffi-ciles, je vais laisser de côté toute la tribu des vers : les sangsues, les lombrics, et autres abominations qui composent la fin du deuxième embranchement.

Les Enfants. — Adopté ! adopté !

4. — IIIe EMBRANCHEMENT. — LES MOLLUSQUES

Tel est pris qui croyait prendre.

La Maman. — Nous nous occuperons ce matin, mes enfants, des bêtes qui n'ont ni charpente osseuse ni anneaux ; c'est-à-dire des mollusques. Ce sont, ainsi que je vous l'ai déjà dit, des êtres mous, in-formes, dont quelques-uns vivent nus (la *limace*), et dont les autres ont une coquille simple ou double (le *colimaçon*, l'*huître*).

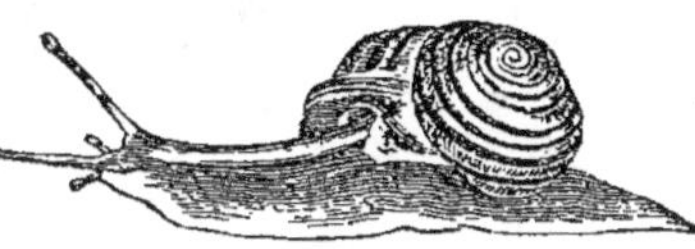

Colimaçon.

Marie. — Je me défie toujours de l'huître et de son air endormi, depuis que j'ai appris la fable du *Rat et l'Huître*. — Le rat s'approche, il avance son museau, et l'huître tout d'un coup se referme ; de sorte, dit La Fontaine, que « tel est pris qui croyait prendre. » — C'est une sournoise, l'huître.

Paul. — Mais comment la coquille de toutes ces bêtes se forme-t-elle ? comment grandit-elle ? Dis-nous cela, mère.

La Maman. — Elle grandit par des lames qui s'ajou-

*****

tent successivement les unes aux autres. Ces lames
superposées sont le résultat d'une sécrétion que ces
singuliers animaux ont la faculté de produire et qui
durcit rapidement. La lame du dehors est la plus an-

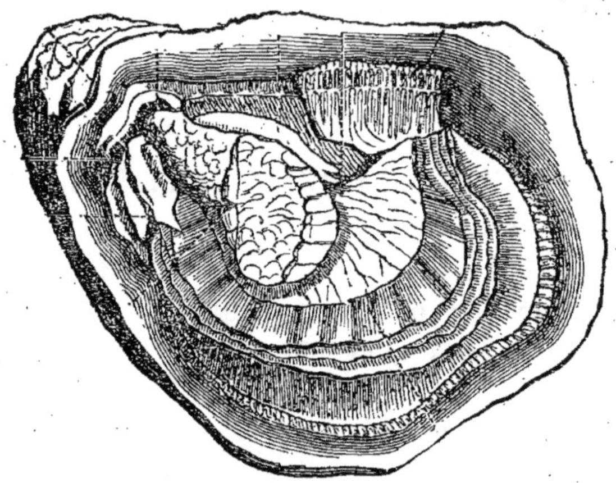

Huître ouverte.

cienne; c'est aussi la plus petite, parce que chaque
lame nouvelle qui vient s'ajouter en dedans dépasse
la précédente, la lame de dessus; de sorte que, tout
en grandissant, la coquille devient plus épaisse.

Paul. — D'où viennent leurs nuances? Il y en a de
si belles!

La Maman. — Les nuances des coquilles sont dues
à une teinture qui provient de la peau de l'animal
même.

Marie. — Où pêche-t-on les huîtres?

La Maman. — Dans la mer, dans les rochers, sur
les côtes.

MARIE. — J'ai lu que les perles se trouvent dans les huîtres; y en a-t-il dans toutes?

LA MAMAN. — Non, l'huître perlière se pêche dans la mer des Indes, particulièrement à Ceylan. Comme il faut aller la chercher à de grandes profondeurs, au milieu des requins, cette pêche est fort dangereuse.

Les perles sont des espèces de globules en nacre fine, d'une grande délicatesse de ton. Tantôt elles sont fixées à la coquille, et tantôt elles sont libres. Les perles coûtent fort cher, selon leur grosseur, leur couleur et aussi leur forme.

Les bijoutiers de la rue de la Paix, à Paris, en ont souvent de belles. — J'ai vu là une coquille renfermant deux perles. Elle était cotée 25,000 francs.

PAUL. — Voilà deux petits morceaux de nacre qui coûtent cher!

LA MAMAN. — Demain, mes enfants, nous verrons le dernier grand embranchement.

---

5. — IVe EMBRANCHEMENT. — LES ZOOPHYTES.

LA MAMAN. — Nous voici arrivés tout au bas de l'échelle des êtres, aux ZOOPHYTES, qui forment le quatrième embranchement. Ce sont des animaux très incomplets; ils pullulent au fond de la mer et se présentent sous des formes très variées et très étranges.

Plusieurs ressemblent extérieurement à des plantes plutôt qu'à des êtres animés. Il y en a qui ont une enveloppe dure, épineuse, comme l'*oursin*, que les pêcheurs appellent aussi *châtaigne de mer*, à cause de sa similitude avec la boule épineuse qui renferme les fruits du châtaignier.

D'autres ont l'aspect d'une fleur, comme l'*astérie* ou *étoile de mer*, et l'*actinie* ou *anémone de mer*.

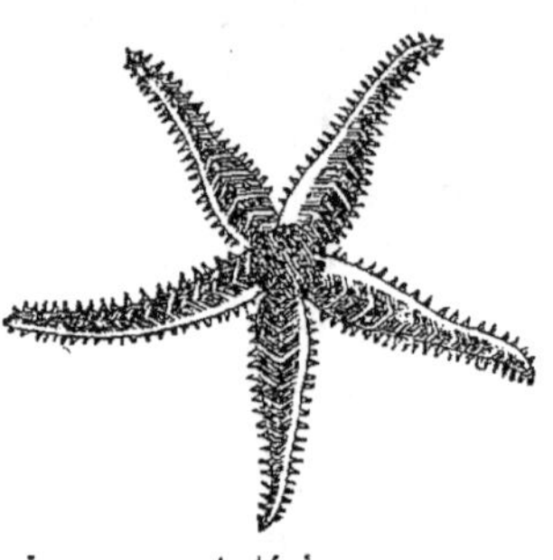

Astérie.

PAUL. — Nous en avons vu à Boulogne, de ces étoiles de mer. Tu t'en souviens, Marie?

MARIE. — Oui. Je me rappelle même que tu m'en as jeté une sur mon chapeau.

PAUL. — C'était pour l'orner.

MARIE. — Ou plutôt pour me faire peur, méchant frère.

PAUL. — Quant aux *anémones de mer*, il y en a plusieurs à l'aquarium du Jardin d'acclimatation. On dirait vraiment, à voir leurs jolies formes et leurs riches couleurs, que ce sont des fleurs qui poussent au fond de l'eau.

LA MAMAN. — Il y a encore le *corail* dont nous avons parlé, et ces masses de polypiers qui, dans les mers des climats chauds, finissent par s'accumuler au point de former des rochers et même des îles.

Corail.

Enfin, notons, en terminant, les *éponges*, qui sont, comme le corail, produites par des animalcules dont l'histoire n'est pas encore bien connue.

6. — LES DENTS. — L'ESTOMAC.

MARIE. — Mère, as-tu remarqué comme notre chien Médor a de belles dents? Est-ce que ces dents-là sont faites comme les nôtres?

LA MAMAN. — Oui, ma fille, elles sont faites comme les nôtres. Écoute-moi :

Chez l'homme et chez la plupart des mammifères, il y a trois sortes de dents :

Les *incisives*, sur le devant de la bouche, quatre à chaque mâchoire. — Regarde les dents de ton frère pour bien me comprendre.

MARIE. — Oui, mère.

LA MAMAN. — Ces huit incisives servent à couper.

Les *canines*, au nombre de quatre : deux à chaque mâchoire.

MARIE. — Je les vois, elles sont placées tout près des incisives. — Prenez patience, monsieur Paul ! et ne me mordez pas.

PAUL. — N'aie pas peur.

LA MAMAN. — Les dents canines déchirent. Puis viennent les *molaires*, les broyeuses, au nombre de dix à chaque mâchoire; cela fait donc vingt molaires qui écrasent les aliments.

PAUL. — Ainsi, en comptant bien, nous avons : huit incisives, quatre canines et vingt molaires; en tout trente-deux dents.

LA MAMAN. — C'est cela. Vous, mes enfants, vous ne les avez pas encore : vous êtes trop jeunes, toutes vos molaires ne sont pas poussées.

MARIE. — Ah! oui, les dents de sagesse!

Lᴀ Mᴀᴍᴀɴ. — Je dois vous faire remarquer, mes enfants, que les dents varient chez les mammifères suivant leur alimentation spéciale; de sorte que, rien qu'à examiner la mâchoire d'un animal, on pourrait dire de quoi il vit. Ainsi :

— Chez ceux qui se nourrissent de chair (*carnivores*), les molaires sont tranchantes;

— Chez ceux qui vivent d'insectes (*insectivores*), les molaires sont en pointe;

— Chez ceux qui vivent de fruits (*frugivores*), elles sont garnies de protubérances arrondies;

— Enfin, chez ceux qui vivent d'herbe (*herbivores*), ces dents sont aplaties et rugueuses comme la surface d'une meule.

Pᴀᴜʟ. — Je crois que les molaires sont, en effet, les meules qui broient les aliments.

Lᴀ Mᴀᴍᴀɴ. — C'est bien cela. Elles sont aussi les plus utiles; et comme elles sont les plus utiles, elles durent plus longtemps.

Pᴀᴜʟ. — Comme la nature est prévoyante!

Lᴀ Mᴀᴍᴀɴ. — Chez l'éléphant, les incisives prennent un grand développement et constituent des défenses. Ce sont ces défenses, dont la longueur atteint parfois des proportions énormes, qui fournissent le bel ivoire employé dans les arts.

Mᴀʀɪᴇ. — J'aime beaucoup l'ivoire, c'est si doux au toucher!

Lᴀ Mᴀᴍᴀɴ. — La besogne des dents est de broyer les aliments; cela s'appelle la *mastication*. L'importance de la mastication, mes enfants, est très grande, et vous allez le comprendre. Chaque organe a sa part de travail qui lui est tracée par la nature. L'estomac souffre s'il reçoit des aliments mal préparés. Au contraire, plus les aliments sont mâchés et mieux la digestion se fait. Vous devez donc vous habituer à bien mâcher, si vous voulez avoir un bon estomac et une bonne santé.

PAUL. — Mais, dis-moi, mère, comment fait mon oiseau pour broyer les graines dont il se nourrit; certainement il ne peut pas les mâcher, puisqu'il n'a pas de dents.

LA MAMAN. — D'abord, mon ami, le bec des oiseaux est fait d'une substance cornée fort dure qui leur sert déjà à enlever l'écorce des graines, ainsi qu'à diviser en fragments les gros morceaux. — Observe ton moineau quand tu lui jettes une amande, il s'empresse de la diviser en petites parties avec son bec.

Les oiseaux ont, en outre, trois estomacs, dont un, le gésier, est, chez les granivores, construit d'une façon particulière. C'est une espèce de poche charnue très épaisse, douée d'une grande force, qui supplée à l'action des dents absentes, en écrasant les graines par sa seule force de contraction.

PAUL. — Et notre estomac, à nous, comment est-il fait?

LA MAMAN. — L'estomac de l'homme est une sorte de poche membraneuse qui a la forme d'une cornemuse.

Car, de même que nous avons vu les dents varier selon la nourriture propre à chaque espèce, de même aussi l'estomac, où s'achève l'élaboration des aliments, se modifie selon le genre de vie de l'animal.

Les *ruminants*, comme le bœuf, le mouton, ont quatre estomacs.

Les animaux qui vivent d'herbe sont obligés de manger beaucoup, l'herbe n'étant guère nourrissante par elle-même. Quand le bœuf a longtemps brouté dans la prairie et que sa panse est pleine, il va s'asseoir à l'ombre ; puis on le voit remuer les mâchoires durant des heures entières. On dit alors *qu'il rumine :* que fait-il ?

Il mâche à loisir, à l'aide de ses molaires, l'herbe qu'il avait coupée avec ses incisives et entassée dans sa panse.

---

7. — LE CŒUR. — LE SANG.

Le sang, c'est la vie.

Marie. — Mère, il y a longtemps que j'ai envie de te demander quelque chose.

La Maman. — Parle, mon enfant.

Marie. — Je voudrais savoir ce que c'est que le cœur dont on parle si souvent et que je sens battre, là, dans ma poitrine.

Paul. — Oh ! je le sais, moi. — C'est une grosse masse de chair ronde qui s'en va en pointe par le bas. J'en ai vu dans les boucheries.

La Maman. — Le *cœur* de l'homme n'est pas aussi gros que celui des animaux dont tu parles ; il est à peine de la grosseur du poing. Mais ce n'en est pas moins un organe de premier ordre, et dont tu comprendras l'importance en pensant que, lorsqu'il cesse de battre, la vie s'arrête.

La substance du cœur est presque entièrement charnue, comme le disait Paul tout à l'heure. C'est un muscle creux qui, chez les mammifères et chez les oiseaux, renferme quatre cavités ou chambres distinctes. Une cloison le divise intérieurement en deux moitiés, et chacune de ces moitiés, à son tour, est subdivisée par une cloison transversale.

MARIE. — Qui est-ce qui loge dans ces quatre chambres-là?

PAUL. — Attends; — je crois bien que c'est le *sang*.

LA MAMAN. — Oui, le sang y loge; mais sans s'y arrêter.

— Prêtez-moi toute votre attention, mes amis.

Marie, montre-nous tes poignets. — Attends, que je relève un peu tes manches. — Vois-tu, au-dessus de la paume de la main, où la peau est plus transparente, des lignes bleues qui ressemblent aux rivières tracées sur les cartes géographiques?

MARIE. — Oui, maman; ce sont mes *veines*.

LA MAMAN. — Sais-tu pourquoi elles paraissent bleues?

MARIE. — C'est à cause du sang qui est dedans.

LA MAMAN. — Maintenant, Paul, cherche un peu à ton poignet, au-dessous de la naissance du pouce, un endroit où tu sentiras des battements.

PAUL. — Ah! je sais bien : c'est le *pouls!* — Le voici.

LA MAMAN. — Quelle est la cause de ces battements du pouls?

PAUL. — Mais, maman, c'est le sang.

LA MAMAN. — Et pourquoi le sang bat-il là et ne bat-il pas dans les veines, le sais-tu?

PAUL. — Non, maman. Du moins, je l'ai oublié.

La Maman. — Le sang circule dans tout le corps par des espèces de canaux qu'on nomme les *vaisseaux sanguins;* il va porter, à toutes les parties de l'être, la nourriture et la vie. C'est le grand distributeur, et c'est le cœur qui l'envoie.

Quand le sang part du cœur, il est d'un rouge vif, chaud, écumeux; il s'en va par les *artères* qui se ramifient en petites branches et se divisent à l'infini, jusqu'aux extrémités de nos membres. Arrivé là, après avoir donné sa chaleur et les éléments vitaux dont il était chargé, il s'en revient par les veines; mais alors il n'a plus sa vivacité ni sa chaleur première, ni cette belle couleur rouge dont nous parlions. C'est le sang noir ou sang veineux, qui, à travers la transparence de la peau, fait paraître les *veines* bleues. — Quant aux *artères*, elles sont rouges; mais vous ne pouvez pas les voir, parce qu'elles ne sont pas aussi près de la peau que les veines.

Paul. — Alors le sang des veines n'est pas le même que le sang des artères?

La Maman. — C'est toujours le même sang, seulement il a perdu de ses propriétés vitales. Mais, en revenant au cœur, il va se vivifier de nouveau.

En effet, le sang veineux entre dans les cavités du côté droit du cœur, d'où il est envoyé dans les poumons. Là, il se trouve en contact avec l'air de la respiration et revient rajeuni dans les cavités gauches, d'où il est poussé avec force dans les artères. Le sang accomplit donc en nous un circuit complet?

Marie. — Oui, il fait sans cesse le même voyage, allant par les artères et revenant par les veines.

La Maman. — C'est ce qu'on appelle la *circulation*

du sang. Paul, emplis-moi d'eau cette gourde en caoutchouc.

PAUL. — Voilà, maman.

LA MAMAN. — Maintenant, presse-la dans ta main.

MARIE. Ah! le vilain frère, il m'a toute mouillée.

PAUL. — Ce n'est pas ma faute. Je ne l'ai pas fait exprès.

LA MAMAN. — Pardonne-lui en l'honneur de la science. D'ailleurs, le mal n'est pas grand; cela fera peut-être que tu te souviendras de ce que je vais dire.

Cette gourde en caoutchouc peut vous donner une idée de la manière dont le sang est lancé par le cœur, qui sans cesse se resserre et se distend par un mouvement analogue à celui que Paul imprimait tout à l'heure à la gourde, en ouvrant et en fermant alternativement la main.

PAUL. — Tiens! oui, ma foi! Un, deux; un, deux; un, deux. — C'est comme les battements du cœur.

LA MAMAN. — Et ces battements se répercutent dans ceux du pouls. Ce sang qui bat à ton poignet, c'est le sang artériel envoyé par le cœur. — Chaque pulsation correspond à une contraction de ce merveilleux organe.

PAUL. — Alors le cœur est comme une espèce de pompe aspirante et foulante.

LA MAMAN. — C'est cela; une admirable pompe qui travaille beaucoup et tient peu de place.

Sais-tu, Marie, combien de fois le cœur se contracte dans une minute, ou, si tu veux, combien de fois se renouvelle par minute le mouvement que Paul a essayé de reproduire, en pressant la gourde de caoutchouc dans sa main?

MARIE. — Non, maman.

La Maman. — Eh bien, chez l'homme, le cœur bat plus de soixante fois par minute.

----

8. — LA RESPIRATION.

La Maman. — Paul, pince-toi le nez et ferme la bouche... Pourrais-tu rester longtemps ainsi?

(*Paul fait d'abord signe que non; puis, lâchant son nez et ouvrant tout à coup la bouche, il respire largement.* — Ah! la bonne chose que de respirer! *s'écrie-t-il.*)

La Maman. — Et si l'on t'avait tenu de force le nez et les lèvres bien clos, que serait-il arrivé?

Paul. — Je serais mort étouffé.

La Maman. — La respiration est donc indispensable à notre existence.

Que fait-on quand on respire?

Les Enfants. — On avale de l'air.

La Maman. — Et après, que devient cet air?

Paul. — Il descend dans la poitrine.

La Maman. — Et après?

Paul. — Je ne sais plus.

La Maman. — Est-ce que tu gardes l'air que tu respires? Voyons, respire longuement. — Bien. — Arrête-toi, maintenant. Peux-tu encore respirer?

(*Paul, qui rougit à vue d'œil, fait signe que non, puis il éclate en s'écriant :* — Je ne peux plus!)

La Maman. — Que t'arrive-t-il?

Paul. — Il faut bien que je souffle l'air que j'avais respiré.

LA MAMAN. — Donc, la respiration se compose de deux mouvements : l'un pour aspirer l'air, l'autre pour le rejeter. C'est ce qu'on appelle *aspiration* et *expiration*.

LES ENFANTS. — Tiens ! cela est vrai, nous n'y avions pas fait attention.

LA MAMAN. — L'air que nous respirons descend en effet dans la poitrine, comme l'a dit Paul. Là, il entre dans les poumons où il se rencontre avec le sang qu'il vivifie, après quoi il est expulsé par l'expiration, parce qu'il n'est plus propre à la vie.

Ainsi, l'air que nous rejetons n'est plus le même : il est vicié. C'est pour cette raison qu'il est nécessaire de renouveler l'air des appartements, et pour cette raison également, que la réunion d'un grand nombre de personnes dans une salle trop étroite, mal aérée, présente des dangers pour la santé.

MARIE. — Je me souviens qu'une de mes petites amies s'est trouvée malade dans un concert auquel on nous avait menées et où il y avait beaucoup de monde. Il a fallu l'emporter vite au grand air ; on disait qu'elle étouffait. Moi, j'avais grand mal à la tête.

LA MAMAN. — C'était, en effet, le manque d'air respirable ; cela est très dangereux et produit quelquefois l'effet d'un véritable empoisonnement.

Tous les animaux respirent ; tous ont, comme nous, besoin d'air, même les poissons, puisque nous avons dit qu'ils sont organisés pour respirer dans l'eau.

MARIE. — Et les poumons dont tu as parlé, comment est-ce fait ?

LA MAMAN. — Ce sont deux grandes masses spongieuses qui tapissent le fond et les côtés de la poitrine, le long des côtes.

Le cœur est logé entre les deux poumons, au milieu de la poitrine, la pointe tournée un peu à gauche.

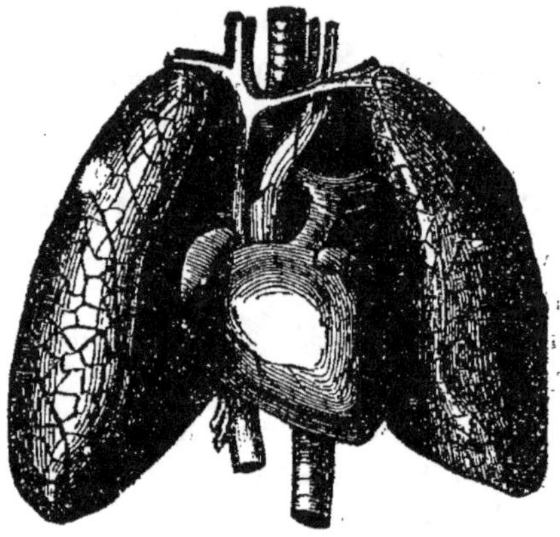

Le cœur et les poumons.

PAUL. — Alors les poumons sont ces grandes... choses, d'un rose pâle, qu'on voit pendues dans les boutiques des bouchers ou plutôt des tripiers, et qu'ils appellent du *mou*.

MARIE. — Ah! du mou! C'est ce qu'on donne aux chats.

LA MAMAN. — Oui, les bouchers appellent ainsi les poumons des animaux dont ils vendent la chair. Ce nom de *mou* vient justement de la nature molle des poumons qui sont remplis d'une infinité de petites cavités, comme les éponges.

Les poumons du bœuf sont énormes.

9. — LA SENSIBILITÉ.

LA MAMAN. — Marie, ferme les yeux. — Où est-ce que je te touche?

MARIE. — A la main droite.

LA MAMAN. — Comment peux-tu le savoir, puisque tu ne me vois pas?

MARIE. — Mais, je le sens bien, ce n'est pas difficile.

LA MAMAN. — Reste encore un peu les yeux fermés.

MARIE. — Aïe! tu me piques la main. Ce n'est pas bien; je ne fermerai plus les yeux.

LA MAMAN. — Je ne t'ai pas fait grand mal. Et si l'on te coupait le doigt?

MARIE (*retirant bien vite sa main*). — Oh! non, par exemple, je ne veux pas.

LA MAMAN. — Mais, laisse-moi seulement couper un de tes cheveux?

MARIE. — Un cheveu? Je le veux bien; cela ne fait pas de mal.

LA MAMAN. — Alors les cheveux ne sont pas sensibles comme la main. Je touche à tes cheveux sans que tu t'en aperçoives, et tu as pourtant les yeux ouverts; tandis que tout à l'heure tu t'apercevais, même les yeux fermés, que je touchais ta main. Savez-vous d'où vient cette différence?

LES ENFANTS. — Non.

LA MAMAN. — La sensibilité tient à un appareil très considérable de fibres, qu'on appelle *nerfs*, et qui, partant du cerveau, vont s'épanouir sous la peau. Les nerfs mettent, par conséquent, le cerveau en communication avec toutes les parties du corps. Mais ils s'arrêtent à la peau ; les cheveux ne sont donc, pas plus que les ongles, doués de sensibilité.

Vous savez ce qu'on appelle les *cinq sens?*

PAUL. — Oui, ce sont :

Le Toucher,
Le Goût,
L'Odorat,
L'Ouïe,
Et la Vue.

LA MAMAN. — Quand vous jouez au colin-maillard, comment fait celui qui a les yeux bandés ?

PAUL. — Il marche avec précaution, les mains en avant, l'oreille aux aguets ; comme un aveugle, enfin.

LA MAMAN. — Oui, il cherche à suppléer, à l'aide du *toucher* et de l'*ouïe*, au sens de la *vue* dont il est momentanément privé.

Te souviens-tu, Marie, de ces belles cerises en cire que ton oncle apporta un jour ?

MARIE. — Oh ! oui ; j'ai été joliment attrapée.

LA MAMAN. — Elles ressemblaient si bien à des cerises véritables, que ce n'est qu'en les portant à ta bouche que tu as reconnu ta méprise. Ici, c'est le *goût* qui a rectifié le sens de la *vue* et celui du *toucher*. Mais la belle rose qui accompagnait les cerises, comment as-tu reconnu qu'elle n'était pas naturelle?

MARIE. — En voulant respirer son parfum.

LA MAMAN. — Et ton *odorat* a corrigé l'erreur de tes yeux.

Ainsi les sens se complètent l'un par l'autre, et c'est grâce à leur concours que nous avons connaissance de ce qui nous environne. Eh bien ! nos cinq sens sont servis par des nerfs, et ce sont des nerfs aussi qui transmettent au cerveau les impressions reçues par les sens.

PAUL. — Alors, tout aboutit au cerveau?

LA MAMAN. — Vous vous rappelez, sans doute, le jour où votre père nous a conduits au musée voir les tableaux?

MARIE. — Ah! oui, je m'en souviens! Nous sommes rentrés si fatigués que je voulais me coucher sans souper.

LA MAMAN. — Vous n'aviez pourtant pas beaucoup marché.

PAUL. — Non, mais nous avions vu tant de belles choses.

LA MAMAN. — Alors, la fatigue vous était venue par les yeux, à force de regarder?

LES ENFANTS. — Oui, c'est cela.

LA MAMAN. — Le cerveau ne reçoit pas seulement des impressions : il a aussi son activité propre.

Vous n'avez pas encore l'air de bien comprendre. — Voyons. — Paul, quand tu as beaucoup travaillé, comme lors des grandes compositions de la fin de l'année dernière, où ressens-tu de la fatigue?

PAUL. — J'ai quelquefois mal à la tête.

LA MAMAN. — C'est, en effet, la tête, ou plutôt le cerveau qui est le siège de la réflexion, de la volonté, de la pensée, en un mot de tout travail intellectuel. Le *cerveau* ou la cervelle, comme on voudra dire, est une masse d'une substance molle et blanchâtre, qui remplit toute la boîte osseuse du crâne, depuis le front jusqu'à la naissance du cou, derrière la tête.

C'est assurément là qu'est le siège du gouvernement de notre individu. Les nerfs, dont nous parlions tout à l'heure, apportent au cerveau les sensations, absolument comme les fils télégraphiques transmettent les nouvelles d'un lieu à l'autre. En même temps, d'autres nerfs vont porter les ordres du cerveau dans tous les membres.

Ainsi, le cerveau de Marie a été tout à l'heure averti par les nerfs sensitifs de sa main que je la piquais ; et aussitôt il a fait retirer cette main.

MARIE. — Comment ! il y a donc quelqu'un dans ma tête qui commande ?

PAUL. — Ce quelqu'un, c'est toi-même, ma petite sœur. Ne sais-tu pas bien qu'on dit quelquefois d'une petite fille rageuse qu'elle a *une mauvaise tête* ?

MARIE. — Oui, monsieur mon frère, et l'on dit également d'un garçon obstiné qu'*il est bien entêté*.

LA MAMAN. — On dit encore des enfants qui travaillent trop qu'*ils se cassent la tête*. Nous nous en tiendrons là pour aujourd'hui, mes amis. Allez jouer. — Plus tard, vous repasserez dans votre mémoire et vous répéterez dans vos entretiens ce que nous venons de dire.

---

10. — VARIÉTÉ DES RACES HUMAINES.

L'Homme.

L'homme est le roi de la nature.

LA MAMAN. — Les hommes, sous le rapport de la

couleur de la peau et des traits du visage, sont divisés
en trois races principales :

La Race blanche ou caucasique ;

La Race jaune ou mongolique ;

La Race noire ou éthiopienne.

On peut y ajouter la Race cuivrée, laquelle comprend les peuples indigènes de l'Amérique appelés *Peaux-Rouges*.

La *race blanche* se distingue par l'ovale que forme sa tête, par son front très développé, par ses yeux disposés horizontalement, par ses mâchoires peu saillantes, sa chevelure lisse, et particulièrement par la blancheur de sa peau.

Race blanche.

Cette race a donné naissance aux peuples les plus civilisés ; elle occupe toute l'Europe, l'ouest de l'Asie jusqu'au Gange, et le nord de l'Afrique. Elle est descendue des montagnes du Caucase, entre la mer Caspienne et la mer Noire.

PAUL. — D'où lui vient son nom de race caucasique.

LA MAMAN. — La *race jaune* présente une face aplatie, un front bas et carré, un menton saillant, des yeux étroits, des pommettes saillantes, une barbe grêle, des cheveux droits et noirs, une peau olivâtre.

Race jaune.

MARIE. — Eh bien, il n'est pas flatté, ce portrait.

LA MAMAN. — Cette race jaune a envahi tout l'est des pays occupés par les races blanches : on la rencontre dans le grand désert de l'Asie centrale, dans la Sibérie orientale, dans la Chine, la Corée, le Japon, les Philippines, les îles Mariannes et les Carolines. On la rencontre encore dans l'est de l'Amérique. Les régions les plus froides des deux hémisphères sont habitées par des peuplades jaunes.

PAUL. — Et les nègres?

LA MAMAN. — Les *nègres* se distinguent par un crâne comprimé, un nez écrasé, des mâchoires saillantes, de grosses lèvres, des cheveux laineux, crépus,

et une peau noire. Ils peuplent l'Afrique et une partie
de l'Océanie.

Race noire.

MARIE. — Ils ne sont pas beaux, les nègres.

LA MAMAN. — Les *Peaux-Rouges*, indigènes d'Amérique, ont le teint couleur de cuivre rouge, le nez saillant, de grands yeux ouverts comme ceux des blancs ;
ce sont de beaux hommes.

Race cuivrée.

Voilà, mes petits amis, ce que je voulais vous dire

des hommes. Nos livres vous apprendront leur histoire, leur commerce, leurs industries.

---

11. — DISTRIBUTION DES ANIMAUX SUR LE GLOBE.

La Maman. — Je voudrais terminer ces leçons en vous donnant une idée de la distribution des animaux sur notre globe ; car toutes les contrées ne sont pas peuplées d'une semblable façon, et, de même que nous avons vu les races humaines diversement réparties sur la terre, de même nous allons voir les animaux changer selon les climats et les régions.

Paul. — Tiens ! En effet, cela doit être. Il y a les animaux des pays chauds et ceux des pays froids.

Marie. — Sans compter qu'il y en a un grand nombre qui ne peuvent vivre que dans l'air, tandis que d'autres ne peuvent vivre que dans l'eau.

La Maman. — Précisément. Les animaux inférieurs ne sauraient exister hors de l'eau : tels sont les mollusques, les zoophytes, les crustacés et aussi les poissons.

Mais, je veux vous parler surtout des animaux supérieurs qui vous sont mieux connus : des mammifères et des oiseaux, dont un grand nombre d'espèces ont été domestiquées par l'homme et appropriées à ses besoins.

C'est dans les pays chauds, entre les deux tropiques,

que la vie est le plus active, et que les espèces animales sont le plus nombreuses.

Paul. — Absolument comme pour les plantes, n'est-ce
pas, mère?

La Maman. — Oui, mon fils. — C'est dans la zone
torride que se rencontrent les espèces gigantesques :
comme l'*éléphant*, le *rhinocéros*, l'*hippopotame*, la *gi-
rafe*, le *chameau*, le *dromadaire ;* les terribles carnas-

Dromadaire.

siers, comme le *lion*, le *tigre*, la *panthère*, le *léopard*,
le *crocodile ;* parmi les poissons, le *requin*, si vorace
et si dangereux, n'habite non plus que les mers des
pays chauds.

C'est aussi entre les deux tropiques que l'on rencontre les plus grands oiseaux : l'*autruche*, dans les
plaines sablonneuses de l'Afrique et du sud-ouest de
l'Asie; le *nandou* en Amérique, et le *casoar* en Océanie.

L'*homme* et son fidèle compagnon le *chien* supportent également bien un froid intense et les chaleurs équatoriales ; tandis que le *singe*, qui, par sa structure, semble se rapprocher de l'homme, meurt presque toujours de phthisie lorsqu'il se trouve exposé au froid et à l'humidité de nos climats tempérés.

Marie. — Je n'aime pas le singe, moi ; ce grimacier me fait peur.

Paul. — Pourquoi nous interromps-tu, Marie ? — Laisse donc parler maman.

La Maman. — En revanche, le *renne*, conformé pour supporter les rigueurs du long et rude hiver de la Laponie, souffre de la chaleur à Saint-Pétersbourg et succombe assez promptement à l'influence d'un climat tempéré. L'*ours blanc* des mers polaires ne peut vivre longtemps au Jardin des Plantes de Paris.

Mais il y a des animaux qui vivent à peu près dans tous les pays : tels sont la plupart de ceux que l'homme a réduits à l'état domestique, le *cheval*, le *bœuf*, le *mouton*, le *cochon*, le *chat*, le *coq* et la *poule*.

L'influence de l'homme est donc pour beaucoup dans la propagation de certaines espèces sur le globe. Nous sommes portés naturellement à favoriser la multiplication des animaux qui nous sont utiles ou agréables, et à détruire ou éloigner ceux qui nous sont nuisibles. Ainsi, le cheval, qui est originaire des steppes de l'Asie centrale, était totalement inconnu en Amérique, et ce n'est que depuis la découverte du nouveau monde qu'il y a été transporté par les Espagnols. Il n'y a pas quatre cents ans de cela, et cependant, aujourd'hui, les habitants de ce vaste continent, depuis la baie d'Hudson jusqu'à la Terre-de-Feu, possèdent des chevaux en abondance. Ces animaux y ont même repris la vie sauvage et s'y rencontrent par troupes presque innombrables.

Il en est de même de notre *bœuf* domestique qui, transporté de l'ancien monde dans le nouveau, y a pullulé, au point que, dans l'Amérique du Sud, on lui fasse une chasse active, rien que pour sa peau destinée à la fabrication du cuir.

Malheureusement, il n'y a pas que les animaux utiles qui soient devenus cosmopolites; le *rat*, qui paraît originaire de l'Amérique, a envahi l'Europe dans le moyen âge et se trouve maintenant jusque dans les îles de l'Océanie.

Pour nous résumer, les animaux sont plus grands et plus variés dans les pays voisins de l'équateur, où la chaleur rend les forces vitales plus actives; mais, dans les pays tempérés, les espèces utiles sont, en revanche, plus répandues, et, grâce à l'activité de l'homme, on y rencontre bien moins de carnassiers; le *loup*, le *renard*, la *fouine* sont les principaux destructeurs contre lesquels nous ayons à nous garder dans nos pays, et on leur fait une rude guerre. L'*ours*, réfugié dans les montagnes des Pyrénées, y devient de plus en plus rare; et déjà, en Algérie, les *lions*, les *panthères* et les *hyènes* ont reculé devant nous vers le désert.

Mais la joie et l'ornement de nos climats tempérés, c'est cette multitude d'oiseaux qui, durant la belle saison, remplissent nos bois de leurs chants, de leurs nids, et qui nous quittent à l'approche de la saison rigoureuse : *rossignols*, *fauvettes*, *alouettes*, *loriots*, *bergeronnettes*, et le reste, sans oublier les *hirondelles* ni les *cigognes*.

MARIE. — Mais où vont donc ces oiseaux pendant l'hiver?

LA MAMAN. — Ils vont au delà des mers, vers les contrées tropicales où il fait toujours chaud et où ils sont sûrs, à cause de cela, de trouver toujours à manger. Mais, chaque printemps, ils reviennent fidèles à la contrée qui les a vus naître.

Pendant que ces frileux nous quittent, d'autres, comme les *cygnes*, les *canards sauvages*, les *bécasses* et autres oiseaux aquatiques du Nord de l'Europe, viennent hiverner chez nous, à moins que le froid plus intense, en glaçant tous les étangs et les cours d'eau, ne les menace de mourir de faim et de soif, et ne les force à descendre encore davantage vers le Midi.

Tous ces émigrants que chasse la froidure ne font point d'établissement dans les contrées où ils vont chercher un asile; ils y vivent en passagers. C'est chez nous seulement qu'ils chantent, qu'ils revêtent leur plumage le plus brillant, et qu'ils font leurs nids.

PREMIERS ÉLÉMENTS

D'HISTOIRE NATURELLE

III

LES MINÉRAUX

1. — LA HOUILLE. — LE GAZ. — LE COKE.

La houille est l'âme de l'industrie.

LA MAMAN. — Ainsi que nous l'avons vu, mes enfants, les plantes et les animaux sont des êtres distincts, vivants et pourvus d'organes, qui naissent, grandissent, puis meurent, après avoir produit des êtres semblables à eux, pour leur succéder. Nous allons maintenant nous occuper des MINÉRAUX, c'est-à-dire de la matière brute, inorganique.

Voici une pierre. Brisez-la avec un marteau : chaque fragment ressemblera absolument à la pierre, quant à sa nature; il sera seulement plus petit. Tandis que si vous vouliez couper en plusieurs parties une plante ou un animal, chaque morceau ne ressemblerait pas au tout, et l'animal ou la plante seraient détruits.

C'est qu'une plante a des racines, une tige, des feuilles, des fleurs, etc.; de même, l'animal est composé d'organes dont l'ensemble est nécessaire à son existence et constitue son individu. Comprenez-vous la différence?

Les Enfants. — Oui, mère.

La Maman. — Pourriez-vous maintenant me désigner quelques minéraux?

Paul. — La terre, le sable, les pierres, le fer, le cuivre, le plomb, l'or et l'argent.

La Maman. — Ces derniers sont ce qu'on appelle des *métaux*.

Marie. — Mais ce sont des minéraux tout de même?

La Maman. — Oui. Tiens, prends ce parapluie et dis-nous auxquelles des trois grandes divisions naturelles appartiennent les matériaux dont il est fait.

Marie. — D'abord, la soie est un produit du règne animal, puisque ce sont des vers à soie qui la font; ensuite, le manche, qui est en bois, appartient au règne végétal; enfin, la monture en fer appartient au règne minéral... Ah! il y a aussi les baleines qui sont du règne animal.

La Maman. — Très bien. Et toi, Paul, sais-tu ce que c'est que ce bloc noir?

Paul. — Du charbon de terre, je crois.

La Maman. — Eh bien, où trouve-t-on le charbon de terre ou la *houille*, comme on l'appelle aussi?

Paul. — Dans la terre, souvent à de grandes profondeurs.

La Maman. — C'est donc un minéral, mais un minéral combustible, qui brûle en produisant une grande chaleur. C'est même son principal mérite. La houille rend de grands services, on pourrait même dire qu'elle est *l'âme de l'industrie*. « Si la houille manquait, dit M. Simonin, il n'y aurait plus de lumière dans les

villes, plus de feu dans les usines ni dans la plupart
des maisons; tous les chemins de fer seraient arrêtés;
les fabriques, les manufactures, presque tous les ate-
liers, presque toutes les machines, bon nombre de
navires, privés de l'aliment essentiel, se verraient
ainsi condamnés au repos. La vie matérielle, une partie de la vie intellectuelle s'éteindraient, comme s'é-
teint, faute de nourriture, la vie du corps. »

J'ai cité ce passage pour vous faire comprendre,
mes enfants, l'utilité et l'importance de la houille.

Marie. — Comment! M. Simonin dit que, si la houille
manquait, nous n'aurions plus de lumière dans les
villes?

La Maman. — Oui, à moins de revenir au pauvre
éclairage des temps passés; car c'est de la houille qu'on
tire le *gaz* qui nous éclaire; c'est en la distillant dans
de gros tubes de fer bien clos, appelés *cornues*, qu'on
obtient le gaz.

Paul. — Je suis passé souvent près de l'usine à
gaz, en allant à la promenade; que j'aurais voulu y
entrer! Ce gaz me paraît une chose si extraordinaire!

La Maman. — N'as-tu pas remarqué la clarté que
répand la flamme du bois, l'hiver, quand on fait grand
feu? Eh bien, un ingénieur français, nommé Philippe
Lebon, s'avisa, en 1799, d'utiliser la flamme à l'éclairage des appartements. Il fit construire des espèces
de poêles dans lesquels on chauffait du bois dans des
tuyaux de fer; le bois se transformait en charbon et
la fumée s'en allait par un conduit, au bout duquel
on mettait le feu. On obtenait ainsi une belle lumière;
mais cet appareil était trop coûteux. Les Anglais firent
mieux en appliquant le même procédé au charbon de

terre, qui est très commun chez eux et qui contient bien plus de matière éclairante.

PAUL. — Ainsi, la vapeur de la houille, au lieu d'être brûlée tout de suite, s'en va par des tuyaux éclairer nos rues?

LA MAMAN. — Oui, c'est cela.

MARIE. — Et le *coke*, est-ce aussi une espèce de charbon de terre?

LA MAMAN. — Le *coke* est le résidu qui se trouve dans la cornue, après qu'on en a tiré le gaz, en chauffant le charbon de terre bien fort. C'est de la houille, moins le gaz : voilà pourquoi le coke brûle sans flamme. Il chauffe très bien malgré cela, il fait même de très bon feu.

Nous avons commencé par la houille, parce qu'elle sert à l'extraction de la plupart des métaux. A demain le *fer* et la *fonte*.

---

2. — LE FER. — LA FONTE. — L'ACIER.

Rien sans peine.

LA MAMAN. — Le *fer*, très-répandu dans la nature, est aussi très-utile. Comme la houille, il se trouve dans les entrailles de la terre, où il occupe des espaces considérables. — C'est un métal gris bleuâtre, que l'on rencontre rarement pur; il est toujours ou presque toujours mélangé avec d'autres corps.

MARIE. — Cette sorte d'alliage me déroute.

LA MAMAN. — Pourquoi cela?

MARIE. — Où trouve-t-on les barres de fer, alors?

La Maman. — On ne trouve point les barres de fer toutes faites, il faut les faire. — Écoute bien : C'est à l'état de *minerai* que se présente le fer, quand on l'extrait de la terre. C'est une sorte de pierre brute, ce n'est pas encore du fer. A son état primitif, on lave le minerai pour le débarrasser des matières terreuses qui l'accompagnent; puis on le grille à l'aide de charbon, afin d'enlever le *soufre* et l'*arsenic* qu'il renferme parfois.

Il nous reste une grande opération à décrire maintenant. Il s'agit de mettre le fer en barres.

Construisons d'abord le fourneau, — un *haut fourneau*, c'est le nom consacré. — Ce fourneau offre à sa partie supérieure un large orifice appelé *gueulard*, tandis que sa partie inférieure présente un bassin nommé *creuset*.

Vous me suivez, n'est-ce pas?

Paul. — Oui, mère, j'y suis. J'ai déjà construit le *fourneau* dans ma tête.

La Maman. — Introduisons par le *gueulard* une couche de charbon de bois, de coke ou de bois desséché; puis une couche de minerai et une couche d'une matière calcaire ou *fondant*. Continuons ainsi jusqu'à ce que le fourneau soit complètement rempli.

Paul. — Je le vois, il est rempli.

La Maman. — Allumons le feu et activons-le par un fort courant d'air. — Le minerai alors se réduira; il tombera en gouttelettes dans le *creuset*, tandis que les matières qui l'accompagnaient et qui n'étaient point du fer nageront à sa surface, étant moins pesantes, puis s'échapperont au dehors sous le nom de *laitier*.

— Tenez, voici un morceau de laitier, c'est assez joli

Paul. — C'est comme une matière vitreuse. On dirait presque du verre de couleur. Il y a même des veines blanches.

La Maman. — Quand le creuset sera plein, la fonte se rendra dans un moule de sable, pour former de gros barreaux; sous cette forme, on l'appelle la *gueuse*.

La *fonte* sert à lester les navires; on la moule en tuyaux, en poteries, en objets d'ornements. — Convertissons maintenant cette fonte en fer. Pour cela, il faut la purifier, l'*affiner*, comme on dit; on l'introduit dans des *fourneaux d'affinage*, chauffés à une température très élevée, qui la débarrassent du charbon qu'elle renferme : elle forme alors une sorte de pâte appelée *loupe*. — Des hommes armés de grosses pinces prennent la loupe et la portent sous un gros marteau, mu par la vapeur et qu'on nomme *martinet*. Cet énorme martinet frappe à coups redoublés. Les parties du métal se resserrent et prennent du corps, en se soudant les unes aux autres. Nous avons alors le fer!

Paul. — Enfin!

La Maman. — On frappe ce fer pendant qu'il est rouge, on l'étire, on l'allonge en *barres;* ou bien on l'aplatit entre les cylindres d'un laminoir pour en faire de la *tôle*. Il peut alors être livré au commerce.

Paul. — Quel travail! Je n'aurais jamais pu supposer qu'un morceau de *fer* coûtât tant de peine.

Marie. — Tu le sais, Paul, on n'obtient rien sans peine.

Paul. — Oui, mais c'est un dur métier que celui-là.

La Maman. — Avec ce fer on pourra construire des maisons, des halles, comme celles de Paris, des ponts suspendus ou non, on fera des chemins de fer, etc., etc.

Paul. — Ainsi, la fonte est simplement du *fer fondu ;* tandis que le fer en barres, dont se servent les serruriers et les forgerons, est du *fer battu.*

Et l'*acier,* comment l'obtient-on?

La Maman. — L'acier est aussi du fer, mais plus pur, plus fin, qui a subi diverses préparations ayant pour objet d'augmenter sa dureté. On le fait recuire dans des creusets avec de la poussière de charbon de bois, afin d'y faire entrer une certaine proportion de charbon; on le refroidit subitement en le plongeant tout rouge dans de l'eau froide, c'est ce qu'on appelle la *trempe.* Chaque fabricant a son procédé particulier, et il y a différentes sortes d'acier.

Celui qui sert à faire la bijouterie est susceptible d'un très beau poli; il brille comme un miroir.

---

3. — LE CUIVRE. — L'ÉTAIN. — LE ZINC. LE NICKEL. LE BRONZE. — LE MERCURE.

Tout ce qui brille n'est pas or.

La Maman. — Entamons ce matin la question du *cuivre,* elle est importante.

Ce métal est plus dur que l'or.

On le trouve rarement pur; le plus souvent il est mêlé au soufre, au fer, à l'antimoine. Le minerai du cuivre est connu sous le nom de *pyrite.*

Paul. — Ce minerai exige-t-il autant de travail que celui du fer?

La Maman. — A peu près autant. — D'abord, on le

grille comme le fer, pour le débarrasser des corps
étrangers qui l'accompagnent; puis on le fond dans
des creusets, où, à l'avance, on a mis du charbon en
poudre; il donne un produit appelé *matte*. Ce produit, soumis à une fusion nouvelle, est transformé en
un *cuivre noir*. Pour dépouiller ce vilain cuivre, on le
met dans des fourneaux d'affinage, d'où on le retire
à l'état de *cuivre rouge* ou *cuivre rosette*.

Marie. — *Rosette*, mais c'est un très joli nom qu'on
lui a donné là!

Paul. — Est-il, en cet état, propre à faire des ustensiles de ménage?

Marie. — Des casseroles, des bassines?

La Maman. — Oui, c'est du cuivre pur. Les plan-
ches pour la gravure en taille-douce sont aussi en
cuivre rouge; les feuilles plus minces qui servent au
doublage extérieur des navires en bois sont faites de
ce même cuivre.

Marie. — N'est-il pas dangereux, mère, de se servir d'ustensiles de cuivre pour la cuisine?

La Maman. — Si ces objets sont entretenus propres,
si on n'y laisse refroidir aucun aliment, si on a soin
de les faire étamer à l'intérieur, il n'y a aucun danger. Mais il est certain que l'usage des vases en cuivre exige de grands soins, et que la moindre négli-
gence peut devenir fatale.

Paul. — Qu'est-ce donc que l'*étamage*, mère?

La Maman. — C'est une couche d'*étain*. Et l'étain
lui-même est un métal brillant, d'un blanc grisâtre
très léger, qui possède le rare avantage de ne pas
s'altérer beaucoup à l'air et d'être sans danger pour
la santé. C'est ce qu'on peut appeler un métal sain.

On l'applique en le faisant fondre. Vous avez vu des étameurs ?

Paul. — Oui, mère.

Marie. — Le danger du cuivre ne vient alors que d'un manque de propreté ou de précaution ?

La Maman. — C'est cela. Les joujoux en cuivre sont malsains. On a vu des enfants mourir empoisonnés pour s'être servis de ces joujoux. Je ne vous en ai jamais acheté, mes chéris, j'aurais eu trop peur d'accident.

Paul. — Ce sont les fabricants de jouets qui sont coupables ; pourquoi mettent-ils du cuivre dans leurs joujoux ?

La Maman. — Pourquoi ?... Pourquoi les hommes sont-ils souvent de grands enfants ?

Paul. — Ce sont des ignorants, voilà tout.

Marie. — Oui, mais je pense aussi qu'il serait bon que toutes les mamans fussent instruites comme la nôtre, afin de suppléer à l'ignorance des marchands.

La Maman. — Marie a raison, les commerçants vendent du clinquant, du brillant, pour attirer les acheteurs, afin de vendre davantage ; c'est le désir de gagner. Ils font leur métier : c'est à ceux qui achètent de savoir choisir, de prendre ou de laisser.

Paul. — Mère, permets-moi de revenir au cuivre. Que se passe-t-il donc dans le cuivre pour qu'il devienne dangereux ? Ce poison me préoccupe.

La Maman. — Mon fils, l'humidité, les corps gras, les acides font naître sur le cuivre une sorte de rouille verte qui est un poison très violent ; on l'appelle *vert-de-gris*. Son véritable nom est *oxyde de cuivre*.

Marie. — Ça sent mauvais, le vert-de-gris ; j'en vois

souvent aux chandeliers de cuivre et cela me déplaît fort.

La Maman. — Il faut les tenir propres, comme tous les objets en cuivre ; car, malgré ses inconvénients, le cuivre est un métal fort utile. C'est même un beau métal dont les composés servent à faire l'orfèvrerie commune. Uni au *zinc*, autre métal d'un blanc bleuâtre, le cuivre donne le *laiton* ou cuivre jaune, qui, selon sa composition, ressemble quelquefois à l'or ; on l'appelle, dans ce cas, *chrysocale, or de Manheim, similor, tombac*. Ces alliages servent à faire les bijoux faux.

Marie. — Je n'aime pas ces bijoux !

La Maman. — Plus il y a de cuivre dans ces mélanges, plus les bijoux imitent l'or, plus ils sont jolis, par conséquent ; mais aussi, plus ils sont trompeurs.

Paul. — C'est le cas de dire : *Tout ce qui brille n'est pas or.*

Marie. — Le *métal d'Alger*, le *maillechor*, dont on fait beaucoup d'objets, d'où vient-il ?

La Maman. — Le maillechor est un cuivre blanc, obtenu par l'alliage du *laiton* avec le *nickel :* — encore un métal.

Marie. — Et le bronze, qui est si beau, qui fait de si belles statues ?

La Maman. — Le bronze est aussi un composé de *cuivre* et d'*étain* dans lequel on introduit presque toujours ou du fer, ou du plomb, ou du zinc, selon l'emploi qu'on en veut faire. Comme le dit Marie, c'est un beau métal ; mais la couleur sombre qui le recouvre est une sorte d'oxyde dont on l'a revêtu exprès et qui le rend inaltérable. Tels sont, à Paris, la colonne de la place de la Bastille, la statue équestre de Henri IV sur le Pont-Neuf, celle de Louis XIV sur la place des Victoires, les grands candélabres de la cour du Louvre, et en général toutes les statues en bronze qui décorent les places publiques des grandes villes.

PAUL. — Mère, qu'est-ce que le *vif-argent*?

LA MAMAN. — C'est le *mercure*, encore un métal; il est très lourd, et liquide à la température ordinaire. On l'a choisi pour la construction des *baromètres* et des *thermomètres*, à cause de cette qualité. Il ne mouille pas le verre, c'est-à-dire qu'il ne s'y attache pas, et il ne bout qu'à une température très élevée, à 360 degrés. Pour le congeler, c'est-à-dire pour le rendre solide, il faut produire un froid de 40 degrés au-dessous de zéro; température excessivement froide, qui ne se rencontre dans la nature que vers les pôles.

Le mercure sert encore à faire le *tain* des glaces et des miroirs dans lesquels se reproduisent nos images.

MARIE. — Dis-nous comment on fabrique les miroirs, mère?

LA MAMAN. — Voici. Quand le verre fondu a été uniformément étendu pour faire une glace, on applique dessus une mince feuille d'étain qu'on recouvre d'une légère couche de mercure ou de vif-argent; on charge avec des poids, de manière que le mercure s'échappe et que l'étain adhère au verre. Alors la glace est faite, vous pouvez vous voir dedans.

---

4. — LE PLOMB. — LE SOUFRE. — L'ARSENIC.

LA MAMAN. — Le *plomb* est un métal très répandu dans la nature. Il est mou et d'un blanc gris, mais il se couvre tout de suite, à l'air humide, d'une couche d'oxyde ou de rouille d'un gris bleu, qui est un poison très dangereux. Il faut se méfier du plomb au moins autant que du cuivre, mes enfants; évitez de le manier sans besoin. — Parfois il a suffi de quelques grains de plomb au fond d'une bouteille pour produire un commencement d'empoisonnement.

Plusieurs composés du plomb servent, comme couleurs, aux peintres en bâtiment; tel est le *blanc de céruse* ou *blanc de plomb*, le *minium*, peinture rouge qui sert à donner la première couche à la fonte et au fer employés dans les bâtisses. L'usage du blanc de plomb, fatal aux ouvriers, cause la maladie connue sous le nom de *colique des peintres*. Dieu merci! il sera bientôt partout remplacé par le *blanc de zinc*, qui est inoffensif et qui a de plus l'avantage de ne pas noircir sous l'influence des mauvaises odeurs.

Paul. — Le *plomb* sert à faire des balles, n'est-ce pas, maman?

La Maman. — Oui, mon fils, et ce n'est pas le plus beau de ses rôles. Mais il en a d'autres.

Ce métal est très lourd, plus lourd que le fer; comme il est très commun et par conséquent peu cher, qu'il fond facilement, qu'il se ploie comme on veut et prend toutes les formes, on l'emploie en feuilles, pour couvrir les terrasses, le faîte des maisons et les toitures des édifices importants. Enfin, le plomb sert encore, en raison de son bas prix, à faire des tuyaux de conduite pour l'eau et pour le gaz.

Marie. — D'où vient le plomb?

La Maman. — On le trouve dans des mines, uni soit à d'autres métaux, soit plus souvent au soufre.

Paul. — Mais le soufre n'est pas un métal?

La Maman. — Non; c'est une substance d'un jaune serin, très cassante, qui prend feu au contact d'un charbon ardent et brûle avec une belle flamme bleue en répandant une odeur suffocante.

Marie. — Ah! oui, je sais; comme quand on allume des allumettes. Ça fait joliment tousser; ça pique tant la gorge et les yeux, qu'on en pleure.

La Maman. — Le soufre se trouve en abondance dans le voisinage des volcans. La Sicile et l'Italie en fournissent de grandes quantités.

Marie. — A quoi sert cette vilaine chose qui sent si mauvais?

La Maman. — Eh! mais, à faire des allumettes d'abord, comme tu viens de le dire; ensuite, le soufre entre dans la composition de la poudre, avec le salpêtre et le charbon; enfin, il s'emploie en médecine et dans les arts, et il rend de nombreux services à l'industrie, puisqu'il est la base du *vitriol* ou *acide sulfurique*.

Paul. — Bon! je sais à présent de quoi la poudre est faite; avec le plomb on fait des balles. Vive la guerre! Pif! pan! pouf! (*Il prend une règle et met sa sœur en joue.*)

Marie. — Fi! le vilain méchant!

Paul. — On voit bien que tu n'es pas un homme!

La Maman. — Comment, Paul, tu es donc un guerrier aussi, toi?

Marie. — N'est-ce pas, maman, que c'est mal de vouloir tuer les autres?

Paul. — Mais il faut bien avoir des armes pour se défendre. Je te défendrai, Marie, et toi aussi, mère quand je serai grand.

La Maman. — Mes enfants, vous avez raison tous les deux. — Oui, Marie, la guerre est une chose horrible, un reste de la barbarie primitive. Il faut espérer que, lorsqu'ils seront plus éclairés, les peuples sauront terminer leurs différends autrement que par ces odieuses boucheries où ils mettent leur gloire. Déjà, dans les querelles d'homme à homme, les tribunaux ont remplacé le combat.

Mais jusque-là, ma pauvre enfant, il faut bien que nous laissions nos frères s'armer pour la défense du pays.

Paul. — Ah! vois-tu bien, Marie, qu'il faut être patriote et savoir se battre comme papa l'a fait pendant la guerre.

La Maman. — Laissons là les combats et reprenons en paix notre étude. — Où en étions-nous?

Paul. — Au plomb.

Marie. — Non, au soufre.

Paul. — C'est vrai. Mais je voudrais faire une question sur le plomb.

La Maman. — Parle.

Paul. — Mon père m'a dit hier que dans le plomb il y avait souvent un peu d'arsenic. Est-ce que c'est un métal, l'*arsenic*?

La Maman. — Oui, et un poison violent. On l'emploie en médecine. Mais sa forme la plus commune est celle d'une poudre blanche dont on se sert pour la destruction des animaux nuisibles, et qui est vulgairement connue sous le nom de *mort-aux-rats*; c'est l'*acide arsénieux*. Sa ressemblance avec la farine et surtout avec le sucre en poudre est cause de fréquents accidents. Je le répète, c'est une substance extrêmement dangereuse. On la reconnaît à l'odeur d'ail qu'elle répand lorsqu'on en met un peu sur un charbon ardent.

MARIE. — Oh! bien, passons, passons vite sur ce vilain arsenic.

LA MAMAN. — Ma chère petite, il ne faut pas seulement connaître les substances utiles, il est nécessaire de connaître aussi celles qui sont nuisibles, afin de les éviter. Il existe un composé de l'arsenic dont on fait souvent usage en peinture; c'est le *vert arsenical*. Comme il donne une jolie nuance, on s'en sert pour les papiers verts glacés. L'autorité a dû interdire aux confiseurs l'emploi des papiers peints avec des couleurs minérales pour envelopper leurs bonbons.

Il est peut-être utile de vous avertir également que les cartes de visite glacées sont enduites d'un sel de plomb qui leur donne ce brillant qu'on recherche. Or, il est arrivé que des enfants se sont empoisonnés en suçant de ces cartes. Le blanc de plomb a, en effet, une saveur sucrée qui d'abord attire, mais qui bientôt est suivie de douleurs et d'accidents effrayants.

Demain, mes petits amis, nous parlerons de l'argent et de l'or, deux métaux précieux.

LES ENFANTS. — A demain, mère.

---

5. — L'ARGENT. — L'OR.

Ne nous laissons point dominer
par l'amour de l'argent.

MARIE. — Nous allons donc parler de l'argent que tout le monde aime, moi la première; je suis enchantée quand j'en ai dans ma bourse.

La Maman. — Vraiment, petite Marie, tu aimes déjà l'argent?

Marie. — Oui, mère.

La Maman. — Fais en sorte, mon enfant, de ne pas trop l'aimer; car plus tard il serait ton maître, et il ne faut pas se laisser dominer par lui. Les avares sont égoïstes.

Paul. — Je te promets bien, moi, mère, que si j'ai de l'argent, je m'en servirai, je l'utiliserai, j'en donnerai à ceux qui n'en ont pas.

La Maman. — En attendant, nous allons nous occuper de l'*argent* comme métal; ce qui n'est pas la même chose tout à fait, car vous venez d'employer ce mot « argent » dans le sens de *monnaie*, de *richesse*. Or, il y a de la monnaie de cuivre et de la monnaie d'or, aussi bien que de la monnaie d'argent; de même que la richesse se compose d'une foule de valeurs différentes.

Eh bien, l'argent, comme tous les métaux, se trouve dans la terre : quelquefois pur, le plus souvent uni à diverses substances, au soufre, au plomb, à l'arsenic.

Paul. — Toujours le soufre!

La Maman. — Quand l'argent est à l'état de *minerai*, ce qui est le cas le plus fréquent, il faut le séparer des corps étrangers qui l'accompagnent. Cela se fait à l'aide du feu, comme pour les autres métaux. Voici comment on s'y prend : d'abord on le broie, puis on l'expose à un feu ardent; le soufre brûle, le plomb se change en oxyde de plomb ou *litharge*, et l'argent tombe seul au fond du vase dans lequel se fait l'opération.

Si le minerai ne contient qu'une petite quantité

d'argent, après l'avoir pulvérisé, on le met en contact avec du *mercure*. Ce métal liquide a la propriété de dissoudre l'argent; il s'en empare et forme avec lui une espèce de pâte qui l'isole des autres matières. Ensuite on met cette pâte dans un vase sous lequel on allume encore un bon feu; le mercure s'évapore, l'argent reste seul. C'est long et coûteux, c'est justement ce qui fait que l'argent est si cher.

Parlons de l'or maintenant.

MARIE. — Oui, parlons de ce beau métal.

LA MAMAN. — L'*or* se trouve presque toujours à l'état natif, c'est-à-dire pur; s'il est combiné, c'est avec une petite quantité de quelque autre métal, particulièrement l'argent.

PAUL. — Ah ! voilà donc un métal pur, enfin.

LA MAMAN. — L'or se rencontre dans des sables. Ces sables prennent le nom de *sables aurifères*. Les eaux courantes le charrient quelquefois; en France, on peut citer la rivière de l'Ariège.

PAUL. — Et sous quelle forme se présente-t-il?

LA MAMAN. — Sous la forme de petits cristaux, de paillettes ou de grains irréguliers. Les hommes qui cherchent les paillettes d'or sont appelés orpailleurs ou pailloteurs. Ce n'est pas chez nous une industrie très avantageuse; on dit qu'un des cours d'eau les plus abondants en paillettes donnait à peine 1 franc par jour aux orpailleurs. Il est certain qu'il vaut mieux travailler dans les champs que de faire ce métier.

PAUL. — Oui, mais en Australie, en Californie, où les mines sont considérables, ce métier doit être meilleur?

LA MAMAN. — En effet, l'or s'y rencontre souvent en

fragments assez gros qu'on appelle *pépites*. La plus grosse pépite trouvée en Californie pesait environ seize kilogrammes.

Paul. — C'est superbe un tel morceau d'or!

La Maman. — Sans doute; mais si tu savais, mon enfant, à quelles privations, à quelles souffrances et à quels périls s'exposent ceux qui vont chercher l'or dans ces contrées lointaines, et combien peu en reviennent!

Continuons : — L'or et l'argent servent surtout à faire nos monnaies, nos bijoux, la vaisselle de luxe. A l'état pur, ces métaux sont mous, c'est pourquoi on les durcit en les alliant avec du cuivre.

Paul. — Oh! par exemple!

La Maman. — Dans cette pièce de 10 francs en or et dans cette autre pièce d'argent qui vaut 5 francs, il y a du cuivre.

Paul. — Et combien, mère?

La Maman. — Un dixième de cuivre dans chacune de ces deux pièces. Les bijoux en contiennent aussi, et même en plus grande proportion.

---

6. — LE DIAMANT. — LES PIERRES PRÉCIEUSES.

La Maman. — Il y a quelque chose, mes enfants, beaucoup plus cher que l'or. Voyez-vous cette bague?

Marie. — Oh! comme cela brille!

La Maman. — C'est un *diamant*.

Marie. — Avec quoi est-ce fait?

Paul. — Avec du cristal.

La Maman. — Non, mon ami; les diamants qu'on

fait avec du cristal sont de faux diamants qui sont sans valeur, comme ils sont sans éclat.

Les vrais diamants sont un produit de la nature. Ils se rencontrent dans des contrées lointaines, au milieu de certains terrains appelés pour cette raison *terrains diamantifères*.

MARIE. — Dans la terre, comme cela?

LA MAMAN. — Oui, seulement il faut qu'ils soient taillés pour avoir tout leur brillant; et le diamant est si dur, qu'on ne peut le tailler qu'en l'usant avec sa propre poussière : ce qui en augmente encore le prix. Mais, je vais bien vous étonner davantage, en vous disant que le diamant est du charbon cristallisé.

PAUL. — Alors, si on voulait, on fabriquerait du diamant avec du charbon?

LA MAMAN. — Jusqu'ici cela paraît impossible; de savants chimistes ont essayé sans réussir.

Outre le diamant, il existe encore nombre de pierres précieuses. Toutes les belles pierres roses, vertes, rouges, bleues, jaunes, violettes, que vous avez vues montées en bijoux, sont des substances minérales que l'on trouve aussi dans la terre et dans les roches.

PAUL. — Veux-tu, mère, nous nommer ces *pierres précieuses* et nous dire leurs couleurs, pour que nous les reconnaissions?

LA MAMAN. — Volontiers, mon ami. — Le diamant, le roi de tous les brillants, est sans couleur;

— Le *rubis*, pierre transparente, est d'un rouge vif superbe;

— Le *saphir* est bleu, très transparent;

— L'*émeraude* est d'un beau vert foncé;

— L'*aigue-marine* est d'un vert bleuâtre;

— La *topaze*, très transparente, est jaune,

— L'*améthyste* est violette;

— La *turquoise* est une jolie pierre bleu pâle sans transparence.

En as-tu assez, Paul? es-tu content?

PAUL. — Oui, mère, et grand merci. Voyons, répétons : turquoise, bleue; améthyste, violette; topaze, jaune; aigue-marine, vert pâle; émeraude, vert foncé; saphir, bleu; rubis, rouge.

---

7. — UN MOT DE GÉOLOGIE.

LES FOSSILES.

> Les fossiles disent l'âge
> de la terre.

MARIE. — Mère, je suis bien curieuse de savoir ce qu'on entend par ce mot *Géologie* que j'ai vu sur un livre de papa?

LA MAMAN. — Il est facile de te contenter, mon enfant. La géologie est une science qui enseigne la structure du globe sur lequel nous vivons. Cette étude est précieuse, parce qu'elle nous éclaire sur la composition des terrains et l'arrangement des couches superposées de pierres, de roches, d'argile, etc. Elle indique la disposition des minéraux, la valeur des terres propres à la culture et les nappes d'eau souterraines.

MARIE. — La géologie dit tout cela, mère?

LA MAMAN. — Oui, ma fille; elle est devenue une science indispensable pour un grand nombre de travaux et d'industries. Voilà pourquoi tu en entends souvent parler.

PAUL. — Je croyais, mère, qu'elle servait surtout à l'étude des fossiles?

MARIE. — Qu'est-ce que cela, les *fossiles*?

LA MAMAN. — Les fossiles sont les restes d'animaux qui, à différentes époques, lors des grands bouleversements du globe, ont été entraînés par les eaux, puis enfouis dans les dépôts limoneux que le temps a

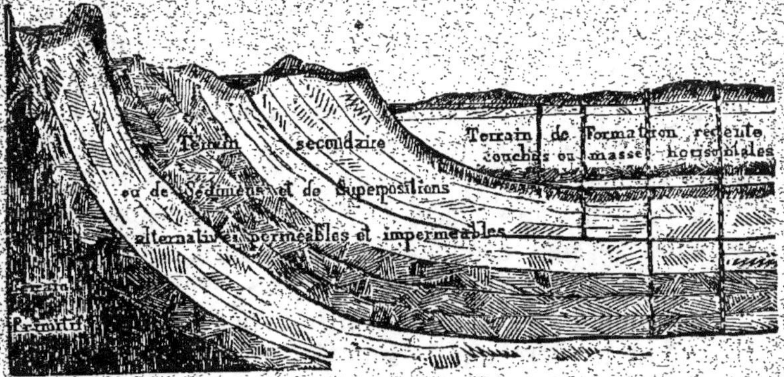

Couches superposées de la terre.

durcis et dont sont formées la plupart des roches. On les trouve dans certaines couches de terrains, et c'est ainsi que les fossiles peuvent dire l'âge de la terre. C'est une très belle étude et qui occupe beaucoup les hommes de science.

Mais je vois que vous n'avez pas bien compris; je vais tâcher de vous rendre cette définition plus facile à saisir. En même temps, je vous donnerai un aperçu de ce que la science géologique nous enseigne.

Vous savez, mes enfants, que la terre est ronde comme une boule, mais un peu renflée vers l'équateur et un peu aplatie vers les pôles. Cette forme irrégulière vient de ce qu'à l'origine, c'est-à-dire à une époque très éloignée de nous, la terre a été en fusion, à l'état liquide.

PAUL. — Comme le fer et le verre dans les hauts fourneaux, alors?

LA MAMAN. — Oui, avec cette différence que, dans cette énorme goutte de matière fondue, il y avait une foule d'éléments mêlés : les roches les plus dures, le granit, les métaux et les marbres. Sans compter qu'à cette température les substances les moins denses devaient être complètement volatilisées et rester autour de la sphère à l'état de vapeur.

Peu à peu, cette masse en fusion s'est refroidie, les vapeurs se sont condensées et ont formé de l'eau, d'où les fleuves, les lacs et les mers. — Vous comprenez bien que les premiers êtres n'ont pu naître et vivre sur la terre que lorsque l'air a été respirable, n'est-ce pas? Vous comprenez également que la vie animale a dû commencer par les êtres les plus élémentaires, tels que coraux, zoophytes, mollusques : tous habitants des eaux. Vers la même époque apparaissaient les grandes herbes : prêles, fougères, les forêts primitives ; ces forêts étaient habitées par des animaux monstrueux dont les pareils n'existent plus. Comment ces premières créations ont-elles disparu?

PAUL. — C'est ce que j'allais demander.

LA MAMAN. — Écoutez attentivement.

De temps en temps, la masse intérieure de la terre, qui refroidissait moins vite que la surface, faisait éruption et soulevait la croûte déjà formée, en dessinant

des arêtes de montagnes et en perçant des volcans, espèces de cheminées par où s'échappait le feu souter-
rain avec des vapeurs et des torrents de matières
dures en fusion ou de lave. Les eaux, violemment re-
jetées de leur premier lit, par ces soulèvements, al-
laient inonder d'autres espaces. Ainsi la surface du
sol a été bien des fois bouleversée avant de prendre
son aspect actuel.

Or, à chaque cataclysme, les espèces végétales et
animales déjà nées ont été enfouies dans les masses
de limon entraînées par les eaux. Ensuite de nouvelles
espèces sont venues les remplacer; c'est ainsi que chaque couche de roche, de calcaire ou de terre, chaque
espèce de fossiles indique des époques, des *âges* différents de la terre sur laquelle nous vivons.

Le charbon de terre, la *houille*, dont nous nous
sommes entretenus dans la première leçon, et qui se
trouve en certains pays par couches immenses tantôt
à la surface du sol, tantôt à de grandes profondeurs,
a pour origine les vastes forêts primitives que des ca-
taclysmes ont enfouies jadis et que la chaleur de la
terre a transformées en charbon, comme du bois que
l'on brûlerait en vase clos. — Les terrains houillers
appartiennent à la première période d'apparition des
êtres vivants sur le globe.

PAUL. — De sorte que les minéraux ont aussi leur
histoire, puisqu'on peut dire leur âge?

LA MAMAN. — Oui; la cristallisation des roches dures, comme le granit et le basalte, dit assez que ces
roches ont été fondues, ce qui ne peut avoir eu lieu que
sous l'influence d'une chaleur énorme. Leur origine
est donc antérieure à celle des pierres calcaires et

autres analogues, provenant des dépôts limoneux des grandes inondations primitives.

MARIE. — Mais alors, les végétaux sont plus jeunes que les minéraux?

LA MAMAN. — Sans doute. Dans l'ordre général, les minéraux sont nécessairement les plus anciens, les aînés; les végétaux sont venus ensuite, et enfin les animaux. Vous allez en comprendre la raison tout de suite. Comment vivent les plantes, où vont-elles chercher leur nourriture? Dans la terre, n'est-ce pas? Et les animaux, de quoi vivent-ils pour la plupart? — De végétaux. — Voilà l'ordre de la création tout indiqué.

Puisque j'ai parlé de l'ordre qui règne dans l'univers, je voudrais tirer un dernier enseignement de ce grand spectacle et vous faire remarquer que l'étude ne sert pas seulement à élargir notre intelligence. Elle élève encore notre âme, en nous apprenant à connaître et à admirer dans ses œuvres l'Auteur de toutes choses. Elle nous apprend, enfin, à l'aimer par la considération des biens dont il nous a entourés avec une bonté paternelle et inépuisable; car, comme l'a dit quelqu'un : « Dieu ne nous devait même pas les fruits et il nous a encore donné les fleurs!... »

FIN